U0269784

鄱阳湖物理模型试验研究

黄志文　许新发　邬年华 等　著

中国水利水电出版社
www.waterpub.com.cn
·北京·

内 容 提 要

本书系统地阐述了鄱阳湖模型试验研究成果。全书共 11 章，包括鄱阳湖流域及湖区概况、鄱阳湖物理模型设计与制作、鄱阳湖物理模型测控系统、鄱阳湖物理模型定床相似关键技术研究、鄱阳湖物理模型定床相似验证、鄱阳湖物理模型动床选沙研究、鄱阳湖动床模型设计、三峡工程运用对鄱阳湖江湖关系影响试验、鄱阳湖水利枢纽对江湖关系影响试验、抚河尾闾河道改线对水流特性影响试验、抚河改道后青岚湖泥沙淤积模型试验。

本书可供河湖治理、水利工程、河工模型试验等专业的科研、工程技术人员阅读，也可供相关专业高校师生参考。

图书在版编目（CIP）数据

鄱阳湖物理模型试验研究 / 黄志文等著. -- 北京：中国水利水电出版社，2020.12
ISBN 978-7-5170-9263-6

Ⅰ. ①鄱… Ⅱ. ①黄… Ⅲ. ①鄱阳湖－水利工程－物理模型－研究 Ⅳ. ①TV

中国版本图书馆CIP数据核字(2020)第255899号

书　　名	**鄱阳湖物理模型试验研究** POYANG HU WULI MOXING SHIYAN YANJIU
作　　者	黄志文　许新发　邹年华　等著
出版发行	中国水利水电出版社 （北京市海淀区玉渊潭南路 1 号 D 座　100038） 网址：www.waterpub.com.cn E-mail：sales@waterpub.com.cn 电话：(010) 68367658（营销中心）
经　　售	北京科水图书销售中心（零售） 电话：(010) 88383994、63202643、68545874 全国各地新华书店和相关出版物销售网点
排　　版	中国水利水电出版社微机排版中心
印　　刷	清淞永业（天津）印刷有限公司
规　　格	170mm×240mm　16 开本　14.5 印张　284 千字
版　　次	2020 年 12 月第 1 版　2020 年 12 月第 1 次印刷
印　　数	0001—1000 册
定　　价	**98.00 元**

　　鄱阳湖是我国最大的淡水湖，是国际性的重要湿地，是长江之肾，是江西人民的"母亲湖"。历史上，鄱阳湖沿湖地区洪、涝、旱灾害频繁，血吸虫病猖獗，滨湖地区经济发展滞后。随着现代化、工业化建设的快速推进，鄱阳湖水生态、水环境问题也日趋严峻，航道萎缩，污染渐重渐广，湖泊原生态环境遭到破坏，严重影响鄱阳湖区经济社会的可持续发展。长江上游梯级水库群相继建成并运行，对长江中下游河道和鄱阳湖区将带来多方面的影响，保护鄱阳湖生态环境，保持鄱阳湖"一湖清水"将面临更多挑战。变化环境下鄱阳湖的水沙、水环境演变规律及其调控是一个亟待研究的重大科学问题。

　　物理模型是研究复杂水流最有效的工具之一，能直观地描述各种复杂现象，国内外大型复杂水域研究大多采用实体物理模型结合数学模型进行。鄱阳湖物理模型通过对鄱阳湖反映的自然现象进行反演、模拟、试验和验证，从而揭示鄱阳湖内在规律，为流域防洪安全、水资源保障、生态环境保护、管理运行调度等提供理论和技术支持。

　　本书集成了作者及其团队从事鄱阳湖模型试验工作的主要研究成果，包括鄱阳湖物理模型设计及制作、大范围鄱阳湖湖区模型测控系统及自控技术、模型定床相似关键理论、定床模型相似验证、模型沙基本特性及选配、动床模型设计等内容。结合鄱阳湖模型试验实例，详细介绍了鄱阳湖模型试验的研究经验和成果。

本书共 11 章，由黄志文、许新发、邬年华等共同编写，其中第 3 章由万浩平编写，周苏芬、陈斌进行了图文处理和校对工作，全书由许新发教授级高工审核定稿。本书引用的科研成果均为江西省水利科学研究院主持完成，部分成果是与长江科学院合作完成，在此，向长江科学院河流所的同仁表示衷心感谢。

　　物理模型试验技术手段发展很快，有关鄱阳湖模型试验相关研究还在不断深入，书中一些观点和方法还需要在以后的实践中不断完善和提升。由于编著者水平有限、时间仓促，书中可能存在很多不足，敬请读者批评指正。

作者

2020 年 5 月

目 录

第 1 章

鄱阳湖流域及湖区概况

1.1 流域概况

鄱阳湖流域位于长江中下游南岸，流域面积为 16.22 万 km²，相当于江西省国土面积 16.69 万 km² 的 97.2%，其中 15.67 万 km² 位于江西省境内，占流域面积的 96.6%，占江西省国土面积的 94%，其余 5482km² 分属福建、浙江、安徽、湖南、广东等省份，占流域面积的 3.4%。

鄱阳湖流域是鄱阳湖水系集水范围的总称。鄱阳湖水系是由赣江、抚河、信江、饶河、修水五大河流及各级支流，加上清丰山溪、博阳河、漳田河、潼津河等独流入湖的小河，以及其他季节性的小河、溪流和鄱阳湖组成，以鄱阳湖为汇聚中心的辐聚水系。鄱阳湖水系涉及的范围南北长约 620km，东西宽约 490km，水系流域面积达 16.22 万 km²，约占长江流域面积的 9%。鄱阳湖主要入湖河流有赣江、抚河、信江、饶河、修河，分别从南、东、西三面汇入，经鄱阳湖调蓄后，在北部由湖口注入长江，成为长江水系的重要组成部分。入湖水沙过程由外洲站、李家渡站、梅港站、虎山站、渡峰坑站和万家埠站（下称"五河六站"）控制，湖泊出口控制站为湖口站。

1.1.1 流域地貌

鄱阳湖流域东、南、西三面环山，中部及北部地势较低，由南向北、由外向内倾斜，形成以鄱阳湖区平原为底的向北开口的筲箕形地形。全流域地貌可概括为山地、丘陵、岗地平原三类，其中山地占 36%，丘陵占 42%，岗地平原占 22%。高山峻岭大部分在省境边缘，流域分水岭一般即为省界。东北部有怀玉山脉，其主峰玉京峰海拔 1816.00m；东部武夷山脉绵延 500km，其主峰黄岗山小岩头山海拔 2158.00m，为江西省内最高峰；西部，北有幕阜山脉、九岭山脉，南有罗霄山脉及武功山、井冈山，海拔多在 1000.00m 以上，最高峰南风面海拔 2120.00m；南部属南岭山地，九连山、大庾岭，大体东西向横卧赣、粤边境，一般海拔在 1000.00～1500.00m 之间。

1.1.2　气候特征

鄱阳湖属北亚热带季风气候，年平均气温为 16.5～17.8℃，年平均降水量为 1570mm。6—8 月盛行南风或偏南风，大风多发生于小暑前后；其余各月多为北风或偏北风。冬春常受西伯利亚冷气流影响，多寒潮，盛行偏北风，气温低；夏季冷暖气流交错，潮湿多雨，为"梅雨季节"；秋季为太平洋副热带高压控制，晴热干旱，盛行偏南风，偶有台风侵袭。据 1956—2000 年资料统计，年平均气温在 17℃ 左右。7 月最高，月平均约 30℃，极温为 44.9℃；1 月最低，月平均约 4.4℃，极温为 -18.9℃。南部高于北部 0.5～1.0℃。年平均日照达 1800～2100h，平均太阳总辐射量为 (444～477)×10³J/cm²。雨量丰沛，单站年降水量最小值为 653.0mm（棠荫 1978 年），最大值为 3034.8mm（庐山 1975 年），多年平均为 1500mm 左右。降水量年内分配极不均匀，4—6 月降水约占全年的 48%；6 月最大，占全年的 17%，12 月最小，只占 3%。年平均蒸发量为 1200mm 左右，蒸发量在面上分布是湖中大，湖周小；在时间上 7—9 月最大，占全年 45%，1 月最小仅为 3%。

鄱阳湖年风向多为偏北，只有 7—8 月间在太平洋副高控制下才多刮偏南风。根据 1964—1985 年资料统计，年平均风速在 3.5m/s 以上。每年日平均风速不小于 5m/s 的天数达 99.4d，按国家风能资源等级标准，鄱阳湖区属风能资源丰富的地区。湖区的自然地理特点，使湖区成为大风集中区域。鄱阳湖主要有冷空气大风，锋面雷雨大风和湖区出现的风向不定、风速变化大、时间短促的"飑线"大风。都昌老爷庙一带多年平均大风日数为 30.5d。棠荫站曾实测到 31.0m/s 的最大风速（相当于浦氏风力 11 级）。

1.2　湖区概况

鄱阳湖湖区范围，通常是指以湖口水位站防洪控制水位 22.50m 所影响的环鄱阳湖区，包括南昌、新建、永修、德安、星子、湖口、都昌、鄱阳、余干、万年、乐平、进贤、丰城等 13 个县（市）和南昌、九江两市区，总面积为 26284km²，占鄱阳湖流域面积的 16.2%。

鄱阳湖是我国第二大湖、最大的淡水湖泊，地处长江中下游、江西省北部，介于北纬 28°22′～29°45′、东经 115°47′～116°45′。鄱阳湖是一个过水性、吞吐型、季节性的湖泊，汛期，五河洪水入湖，湖水漫滩，湖面扩大，碧波荡漾，茫茫无际；冬春枯水季节，湖水落槽、湖滩显露、湖面缩小，蜿蜒一线，比降增大、流速加快，与河道无异，具有"高水是湖，低水是河"的特点，见图 1.1。

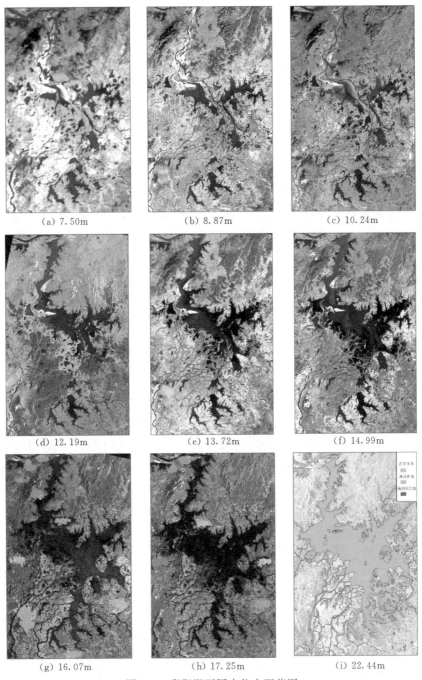

(a) 7.50m　　　　(b) 8.87m　　　　(c) 10.24m

(d) 12.19m　　　　(e) 13.72m　　　　(f) 14.99m

(g) 16.07m　　　　(h) 17.25m　　　　(i) 22.44m

图 1.1　鄱阳湖不同水位水面范围

鄱阳湖略似葫芦形，湖面以松门山为界，分为东（南）、西（北）两部分。东（南）部宽阔，湖水较浅，为主湖；西（北）部狭窄，为入江水道区。湖区南北长 173km，东西平均宽 17km，最宽处约 74km；鄱阳湖入江水道（以下简称入江水道）最窄处的屏峰卡口，宽约为 3km；湖岸线总长 1200km。湖盆自东向西、由南向北倾斜，湖盆高程一般由 12.00m 降至湖口约 1.00m（本节如无特殊说明均为冻结吴淞高程，下同）。鄱阳湖湖底平坦，最低处在蛤蟆石附近，高程为－10.00m 以下；滩地高程多在 12.00～18.00m 之间，星子湖区高程约 12.00m，都昌湖区高程约 14.00m，康山、吴城湖区高程约 16.00m。全湖纵坡降仅为 0.08‰，湖水平均深度为 8.4m。

1.2.1 地貌形态

鄱阳湖区地貌形态多样，主要由水道、洲滩、岛屿、碟形湖、汊港组成。鄱阳湖支流入湖水道分为东水道、西水道和入江水道，其中，赣江在南昌市以下分为四支，主支在吴城与修河汇合，为西水道，向北至蚌湖，有博阳河注入；赣江南、中、北支与抚河、信江、饶河先后汇入主湖区，为东水道。东、西水道在渚溪口汇合为入江水道，至湖口注入长江；洲滩有沙滩、泥滩和草滩三种类型，面积约 3130km²，全湖岛屿 41 个，面积约 103km²，岛屿率为 3.5%，其中莲湖山面积最大，达 41.6km²，而最小的印山、落星墩的面积均不足 0.01km²；主要汊港约 20 处。

湖区洲滩沙滩数量较少，高程较低，多分布于主航道两侧；泥滩多于沙滩，高程在沙滩、草滩之间；草滩为长草的泥滩，高程多在 14.00～17.00m，主要分布在东、南、西部各河入湖的三角洲。鄱阳湖湖盆周围的地貌形态，以丘陵为主，并构成了主要的湖岸地形。湖岸标高一般为 22.00～80.00m，山体稳定性尚好。湖东以岩质边坡为主，湖西和南部以土质边坡为主。湖岸边坡受浪蚀和风化剥蚀影响，浪蚀作用强烈，为湖岸破坏的主要形式。

鄱阳湖区位于扬子准台地（下扬子-钱塘台坳与江南台隆二级构造单元的结合部位）。区内断裂发育，主要有 NE—NNE 和 EW 向及 NW 向三组，以前两组最为发育，其中湖口-松门山断裂带，沿入江水道纵贯全境，在地质历史上曾多次活动，切穿了不同时期的沉积覆盖层。鄱阳湖内地层除缺失奥陶系上统，泥盆系中、下统，石炭系下统，三叠系，侏罗系，白垩系下统及新近系外，自中元古界双桥山群至第四系均有分布。碳酸盐岩主要分布在湖口至星子一带的次级背、向斜轴部，都昌向斜轴部也有较大面积分布。根据《中国地震动参数区划图》（GB 18306—2001），湖区地震动峰值加速度为 0.05g，相应于地震基本烈度Ⅵ度区。

鄱阳湖区域地层古老，山体多由变质岩、花岗岩、碳酸盐岩、红砂岩、紫色页岩等组成。境内土壤主要有红壤、黄壤、山地黄棕壤、山地甸土、紫色土、石灰土和水稻土，以红壤分布范围最广，是江南丘陵重要组成部分，面积约占江西全省面积的 55.8%。

1.2.2　气象特征

鄱阳湖地处东亚季风区，气候温和，雨量丰沛，属于亚热带温暖湿润气候。

湖区主要站点多年平均年降水量为 1387～1795mm，降水量年际变化较大，最大为 2452.8mm（1954 年），最小为 1082.6mm（1978 年）；降水量年内分配不均，最大 4 个月（3—6 月）占全年降水量的 57.2%，最大 6 个月（3—8 月）占全年降水量的 74.4%，冬季降水量全年最少。多年平均年蒸发量为 800～1200mm，约有一半集中在温度最高且降水较少的 7—9 月。

湖区多年平均气温为 16～20℃。无霜期为 240～300d。湖区风向的年内变化，随季节而异，夏季（6—8 月）多南风或偏南风，冬季和春秋季（9 月至次年 5 月）多北风或偏北风，多年平均风速为 3m/s，历年最大风速达 34m/s，相应风向为 NNE。

1.2.3　流量

鄱阳湖水系的径流主要由降水补给形成，径流的时空分布与降水的时空分布基本一致。多年平均年径流量为 1483 亿 m^3，约占长江流域多年平均径流量的 15%。其中汛期 6 个月（4—9 月）径流量占全年的 68%；最大年径流量为 2650 亿 m^3（1998 年），最小年径流量为 566 亿 m^3（1963 年），极值比为 4.68。

鄱阳湖水系主要控制站及湖区区间多年月平均流量分布见图 1.2，鄱阳湖水系径流年内分配规律同降水相似，连续最大 4 个月径流占全年径流百分比，大部分地区在 60% 以上，最大的渡峰坑站达 71.3%，最小的虬津站为 54.7%，其他均为 60%～70%。

汇总计算鄱阳湖进、出口控制站多年（1953—2014 年）平均径流量见表 1.1，鄱阳湖多年平均年径流量为 1483 亿 m^3，五大水系多年平均入湖水量为 1252 亿 m^3，占入湖总水量的 84.4%。在整个水系中，年径流量以赣江所占比例最大，占鄱阳湖水系年径流量的 45.87%；其次为湖区区间，占 15.63%；抚河和信江径流量所占比例分别为 10.46% 和 11.99%；潦河、昌江、乐安河和修水所占比例为 2%～6%。

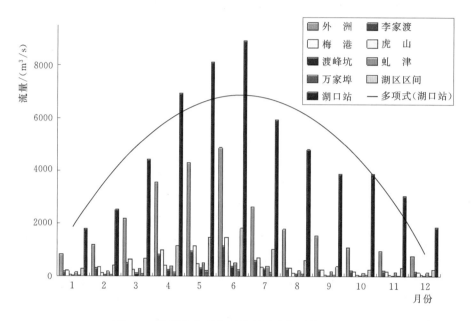

图 1.2　鄱阳湖水系主要控制站多年平均月流量

表 1.1　　　　　　　　鄱阳湖水系主要控制站多年平均径流量表

河名	站名	集水面积 /km²	年径流量 /亿 m³	年径流量占湖口比重 /%	多年平均流量 /(m³/s)	年径流深 /mm	3—8月径流量 /亿 m³
赣江	外洲	80948	678.9	45.87	2151	838.6	510.3
抚河	李家渡	15811	154.8	10.46	491	979.2	117.8
信江	梅港	15535	177.5	11.99	563	1142.8	141.5
乐安河	虎山	6374	70.8	4.78	224	1111.4	59.1
昌江	渡峰坑	5013	46.2	3.12	146	920.6	39.7
修水	虬津	9914	88.4	5.97	280	891.3	62.3
潦河	万家埠	3548	35.2	2.38	112	992.5	27.1
湖区区间		25082	231.3	15.63	733	922.3	180.5
鄱阳湖	湖口站	162225	1483	—	4700	912.3	1138.3

　　鄱阳湖入湖和出湖的年平均流量的年际变化情况见图 1.3。总的来说，鄱阳湖入湖流量基本不变，出湖流量存在一定的增加趋势。就不同年代而言，入湖、出湖径流相差不大，但 20 世纪 90 年代的鄱阳湖入湖流量和出湖

流量均较大，入湖平均流量为 4177m³/s，是长序列年多年平均流量的 1.15 倍，出湖平均流量为 5565m³/s，是长序列年多年平均流量的 1.18 倍，其原因可解释为，20 世纪 90 年代夏季主要多雨带南移，长江流域进入多雨期，汛期江水增多。

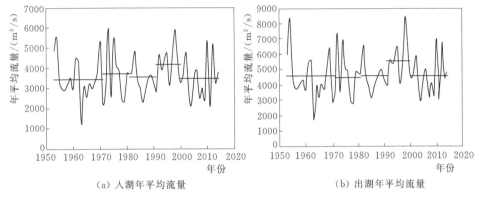

（a）入湖年平均流量　　　　　　　　（b）出湖年平均流量

图 1.3　鄱阳湖入、出湖年平均流量

鄱阳湖入湖、出湖月均流量和水量分别见图 1.4 和表 1.2，可以发现，鄱阳湖入、出湖流量年内变化较大。从 3 月开始，入湖流量就急剧增大（3 月流量是 2 月流量的 1.8 倍）；4 月鄱阳湖进入梅雨季节，鄱阳湖进入汛期；5 月、6 月降水量最大，入湖流量也最大，入湖水量分别占全年入湖总水量的 17.30% 和 18.87%；到了 7 月，鄱阳湖流域雨季基本结束，转入干旱

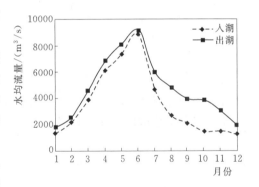

图 1.4　鄱阳湖入湖、出湖月均流量

季节，入湖流量迅速减小（减小为 6 月流量的 0.58 倍），9 月至次年 3 月的入湖水量占全年入湖总水量的比重均不到 5%；全年入湖水量最小的月份为 12 月，占比仅为 3.07%。至于鄱阳湖出湖流量，年内变化规律与入湖流量年内变化规律一致，其中，6 月出湖水量在全年出湖总水量中占比最大（15.37%），1 月最小（3.24%）。由于湖盆的调蓄作用，各月入、出湖水量在全年的占比有所不同，其中 1—7 月湖泊出湖水量在全年中的占比小于湖泊入湖水量在全年中的占比，而 8 月至次年 12 月湖泊出湖水量在全年中的占比大于湖泊入湖水量在全年中的占比。

表 1.2　　　　　　　鄱阳湖入湖、出湖月均水量及其年内分布

各月及全年	入湖水量 /亿 m³	出湖水量 /亿 m³	各月入湖水量在 全年中占比/%	各月出湖水量在 全年中占比/%	变化值 /%
1 月	40	47	3.30	3.24	−0.06
2 月	57	62	4.67	4.23	−0.44
3 月	110	119	9.04	8.17	−0.87
4 月	169	179	13.92	12.29	−1.63
5 月	210	216	17.30	14.84	−2.47
6 月	229	224	18.87	15.37	−3.50
7 月	133	154	10.95	10.55	−0.39
8 月	77	127	6.31	8.73	2.41
9 月	63	98	5.16	6.74	1.58
10 月	47	102	3.86	7.02	3.15
11 月	43	78	3.55	5.34	1.79
12 月	37	51	3.07	3.48	0.42
全年	1214	1456	—	—	—

1.2.4　水位

鄱阳湖水位涨落受"五河"及长江来水双重影响，从而洪枯水的水面、容积相差极大。其汛期（4—9 月）长达半年之久，高洪水位多出现于 7—8 月。长江 7—9 月汛期期间，水沙常倒灌入湖，是鄱阳湖江湖关系的重要特征之一。

鄱阳湖多年平均水位为 13.01m，最高水位为 1998 年 7 月 31 日的 22.59m，最低水位为 1963 年 2 月 6 日的 5.90m（湖口水文站）。年内水位变幅在 9.56～15.36m 之间，绝对水位变幅达 16.69m。随水量变化，鄱阳湖水位升降幅度较大，具有天然调蓄洪水功能。由于水位变幅大，所以湖体面积变化也大。历年间洪、枯水位下的湖体面积、容积相差极大，最大、最小湖体面积相差约 31 倍，湖体容积相差约 76 倍。1949 年在水位为 20.10m 时鄱阳湖面积为 5340km²，以后主要由于人类活动影响，至 20 世纪 80 年代湖体面积缩小为 3992.7km²，湖体容积为 295.9 亿 m³；至 20 世纪 90 年代湖体面积缩小至 3572km²，湖体容积为 280.5 亿 m³。按枯水期水位 10.10m 计算，湖体面积为 556.6km²，湖体容积为 9.2 亿 m³。"高水似湖，低水似河""洪水一片，枯水一线"是鄱阳湖的自然地理特征。鄱阳湖通江水体面积、容积关系见表 1.3 和图 1.5（长江水利委员会长江勘测设计研究院推算成果）。

表 1.3　　　　　　　　鄱阳湖区通江水体水位、面积、容积关系表

水位/m	−3	−2	−1	0	1	2	3	4
面积/km²	0.68	1.36	2.60	4.28	7.34	12.58	20.37	28.66
容积/亿 m³	0.008	0.02	0.04	0.07	0.13	0.22	0.38	0.63
水位/m	5	6	7	8	9	10	11	12
面积/km²	39.21	52.33	75.01	121.58	229.26	477.93	968.22	1643.75
容积/亿 m³	0.96	1.40	2.03	2.97	4.67	8.11	15.10	27.80
水位/m	14	15	16	17	18	19	20	21
面积/km²	2865.2	3174.4	3320.2	3414.7	3506.7	3588.1	3661.6	3728.3
容积/亿 m³	73.20	103.56	136.21	170.11	205.18	241.22	277.79	314.70

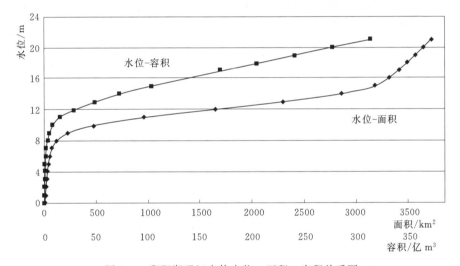

图 1.5　鄱阳湖通江水体水位、面积、容积关系图

鄱阳湖湖口水位与长江水位的高低决定了湖口位置是否发生倒灌：通常情况下，鄱阳湖湖口水位高于长江时，江水不倒灌入湖或阻碍湖水出湖；当长江水位较高时，江水将发生倒灌。据统计分析，1950—2015 年 66 年中有 52 年发生倒灌，倒灌 132 次共 752 天，平均每年倒灌水量约 27.32 亿 m³。最大倒灌流量为 13700m³/s（1991 年 7 月 12 日），最大年倒灌量为 113.8 亿 m³（1991 年），倒灌时星子站水位有 75% 的概率高于 16.00m，倒灌时间均发生在每年 6 月以后。鄱阳湖的大洪水基本上是由"五河"洪水遭遇长江洪水形成。长江上、中游来水减少时，将拉动湖水出湖，退水加快，造成鄱阳湖枯水期提前。

长江洪水倒灌入湖主要是江湖暴雨洪水不同步而干流洪水较大所致，倒灌一般发生在 7—9 月（占总倒灌量的 92.4%），倒灌期间，湖口水位多在

19.00m 以下。湖口水位 19.00m 以上发生倒灌的有 1969 年等共 8 年，相应倒灌总水量为 $74.72 \times 10^8 m^3$，其中最高倒灌水位 21.12m（1996 年）。因为此时"五河"汛期已过，鄱阳湖水位由长江洪水顶托倒灌，湖水面基本保持水平，鄱阳湖入江水道呈现负比降。

（1）湖区。1965—2012 年湖区不同测站年均水位的变化情况见图 1.6，分别计算不同年代的平均值，其结果见表 1.4。整体而言，湖区水位均呈降低趋势，尤其是星子站和都昌站，下降趋势最为明显。分年代而言，20 世纪 90 年代的湖区水位最高，这与此期间入湖流量最大［图 1.3（a）］的结果相一致，21 世纪初的湖区水位最低，其原因可能为：一方面，受降水量减小的影响，入湖径流略有下降；另一方面，鄱阳湖采砂等人类活动造成湖床下切，引起湖区水位降低，再者，湖床下切增大湖水入江速率，湖水出流增加，同样引起湖区水位降低。

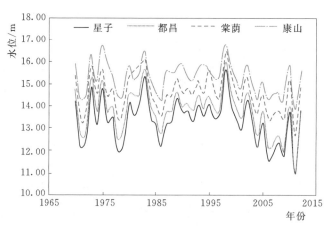

图 1.6　湖区不同测站年均水位

表 1.4　　　　　　　　　不同年代湖区各站平均水位　　　　　　　　　单位：m

年　代	星子	都昌	棠荫	康山
20 世纪 70 年代	13.28	13.73	14.51	15.28
20 世纪 80 年代	13.73	14.16	14.86	15.39
20 世纪 90 年代	13.97	14.28	15.00	15.68
21 世纪初	12.74	13.13	14.09	14.82

湖区水位年内变化情况见图 1.7。总体而言，随着 4—6 月鄱阳湖汛期入湖水量逐渐增大（图 1.4），湖区水位逐渐增加，并在 7 月达到最高，各站水位均在 17.50m 以上。7 月以后，虽然入湖流量减小，但长江中游进入雨季，长江水位抬升阻碍出流，受长江的顶托作用，湖区水位仍维持在较高水平，且

各站之间水位相近，差异减小。9 月以后，随着鄱阳湖和长江均进入枯期，湖区水位逐渐下降，并在 12 月至次年 1 月降到最低。就不同水位站而言，除 7—8 月棠荫站水位最高之外，其他月份均是康山站水位最高；康山站月均水位之间的差异最小，为 4.23m，星子站靠近湖口，月均水位之间差异最大，为 8.76m。

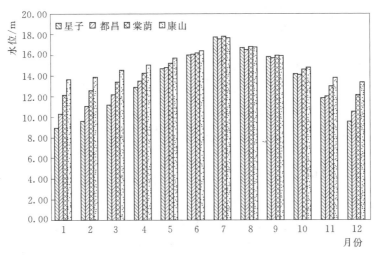

图 1.7　湖区多年月均水位

（2）湖口。1950—2014 年湖口站年均水位变化情况见图 1.8，可以发现，湖口水位年际波动幅度较大，但总体呈下降趋势。长序列年中，多年平均水位为 12.83m。三峡水库运用（2003 年）前后相比，蓄水前年均水位为 12.97m，蓄水后年均水位为 12.20m，与蓄水前相比水位降低较为明显。

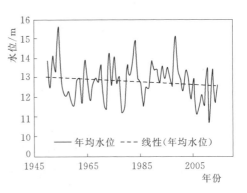

图 1.8　湖口站年均水位

就年内变化而言 ［图 1.9 (a)］，湖口站水位变化呈单峰形，1—7 月水位逐渐上升，7 月至次年 1 月水位逐渐下降，水位在 7 月达到最大值。对比三峡水库蓄水前后湖口月均水位的变化情况 ［图 1.9 (b)］ 可以发现，1—3 月，蓄水后湖口水位比蓄水前略有上升，4—12 月，蓄水后湖口水位比蓄水前有所下降，其中，9—11 月的水位降幅较大。其原因是：一方面，受自然条件下，五河入流和长江干流来流变化的共同影响；另一方面，受三峡水

11

库运行的影响，其在不同时期的蓄水或泄水，改变了江湖作用的季节变化。

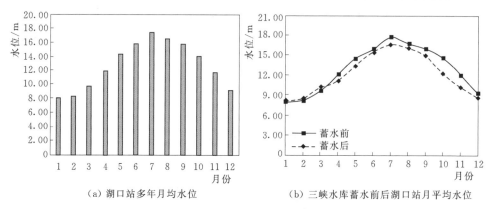

（a）湖口站多年月均水位　　　　　（b）三峡水库蓄水前后湖口站月平均水位

图 1.9　湖口站月均水位

1.2.5　泥沙特征

鄱阳湖水系泥沙主要来自"五河"。湖区泥沙大部分来源于赣江，其他诸河占比较小。据实测入湖和出湖资料分析（表 1.5），"五河"多年平均（1956—2015 年）输沙量为 1238.2 万 t。其中赣江流域占比 64.93%，抚河流域占比 11.06%，信江流域占比 15.99%，饶河流域占比 5.2%，修水流域占比 2.81%。近 10 年"五河"的输沙量出现了明显减少，年均输沙量只有591.31 万 t，比多年平均值减少了 52.3%。就年内分布而言，"五河"输沙量在年内分布极不均匀，主要集中在汛期的 4—7 月（占比 77%），其余月份仅占 23%。输沙量年内分配见表 1.6。

根据《2015 中国河流泥沙公报》的统计，鄱阳湖湖口站多年（1955—2015 年）平均输沙量为 1040 万 t，其中 1963 年长江倒灌，泥沙输入 372 万 t，1969 年输出泥沙量最大，达 2166 万 t。鄱阳湖入湖泥沙量与入湖径流具有良好的同步性，而出湖泥沙和径流的季节性不同步，主要集中在 2—4 月，占年输沙量 60.5%。2000 年后湖口站输沙量大幅增加，鄱阳湖泥沙平衡状态由净沉积向净侵蚀转变；1955—2000 年鄱阳湖年均入湖泥沙 1609.89 万 t，湖口站年平均输沙量为 941.54 万 t，年净淤积泥沙 668.35 万 t，沉积速率为 1.41mm/a；2001—2015 年鄱阳湖年均入湖泥沙 673.4 万 t，湖口站年平均输沙量为 1269.9 万 t，年净侵蚀泥沙 596.5 万 t。

鄱阳湖入湖和出湖年输沙量的年际变化情况见图 1.10，总的来说，鄱阳湖入湖沙量呈下降的趋势，出湖沙量在 2000 年以前呈下降趋势，但 2000 年以后则呈增加趋势。其原因可解释为，"五河"上游大型水库修建蓄水拦沙和流域水土保持工作的实施导致入湖沙量减少，而湖口段河床下切、水位下降和人

表 1.5　鄱阳湖流域"五河"不同时间段输沙量情况

时间段	赣江外洲站		抚河李家渡站		信江梅港站		饶河虎山站		修水万家埠站		"五河"合计	
	输沙量/万t	所占比例/%	输沙量/万t	所占比例/%	输沙量/万t	所占比例/%	输沙量/万t	所占比例/%	输沙量/万t	所占比例/%	输沙量/万t	所占比例/%
1953—2005 年	920	68.97	150	11.24	210	15.74	36	2.70	18	1.35	1334	100
2006—2015 年	246	41.53	110	18.66	116	19.54	100	17.00	19	3.27	591.31	100
1953—2015 年	804	64.93	137	11.06	198	15.99	64	5.20	35	2.81	1238.2	100

表 1.6　鄱阳湖流域"五河"不同月份径流量和输沙量分布情况

月份	赣江外洲站		抚河李家渡站		信江梅港站		饶河虎山站		修水万家埠站		"五河"合计	
	径流量/亿m³	输沙量/万t	径流量/亿m³	输沙量/万t	径流量/亿m³	输沙量/万t	径流量/亿m³	输沙量/万t	径流量/亿m³	输沙量/万t	径流量/亿m³	输沙量/万t
1	22.82	8.12	4.59	1.37	5.68	1.69	1.88	0.37	1.14	0.3	36.11	11.85
2	30.24	19.8	7.23	4.39	9.56	6.17	3.53	1.32	1.52	0.93	52.08	32.59
3	58.63	73.72	12.29	12.2	17.61	17.68	6.84	4.19	2.66	2.28	98.03	110.08
4	92.87	153.39	19.08	24.93	25.93	34.3	10.65	8.86	4.16	4.98	152.69	226.47
5	114.68	183.56	24.64	30.29	31.81	40.12	13.02	9.84	5.57	6.36	189.72	270.17
6	126.08	210.71	26.16	40.14	39.4	66.98	14.6	21.19	6.6	10.13	212.84	349.14
7	70.67	82.06	13.59	15.49	19.38	22.6	9.54	11.62	4.52	5.5	117.7	137.26
8	48.74	41.45	7.61	3.46	10.89	5.62	3.81	1.27	2.97	2.85	74.02	54.65
9	39.21	35.03	3.69	2.97	7.07	3.5	2.09	0.39	1.97	0.96	54.03	42.84
10	28.59	17.09	3.67	1.39	5.37	1.4	1.89	0.39	1.52	0.47	41.04	20.74
11	27.38	8.04	3.65	1.39	5.16	1.66	1.82	0.32	1.45	0.46	39.46	11.86
12	22.29	5.44	3.6	0.98	4.44	1.3	1.73	0.23	1.12	0.19	33.18	8.15
合计	682.2	838.4	129.8	139	182.3	203	71.4	60	35.2	35.4	1100.9	1275.8

类采砂活动的干扰等导致出湖沙量近年来有所增加。

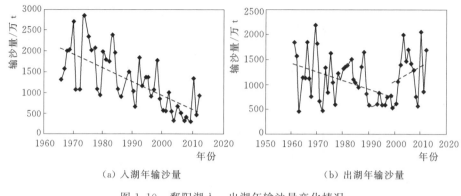

（a）入湖年输沙量　　　　　　　　　（b）出湖年输沙量

图 1.10　鄱阳湖入、出湖年输沙量变化情况

　　鄱阳湖泥沙冲淤规律主要受"五河"及区间、长江水沙变化规律控制，1—3 月鄱阳湖呈河相特征，湖水位较低，水面比降大，流速快，水流的挟沙能力强，水流对河床产生冲刷，出湖沙量大于入湖沙量，特别是 3 月冲刷量最大，多年平均冲刷量达 116 万 t。4 月开始，"五河"进入汛期，湖水位升高，此时鄱阳湖呈湖相特征，水面比降减小，水流缓慢，入湖泥沙开始在湖区淤积；4—6 月湖区多年平均泥沙淤积量 69 万～391 万 t，6 月淤积最大；7—9 月为长江主汛期，湖水受顶托或长江水倒灌，入湖泥沙大部分淤于湖内，遇长江沙倒灌，泥沙淤积量加剧；7—9 月平均泥沙淤积量分别为 212.5 万 t、90.2 万 t、85.1 万 t。10—12 月，随长江水不断下降，湖水泄量加大，湖水位降低，鄱阳湖又显河相特征，湖水归槽，流速逐渐增大，水流对湖底冲刷；10—12 月平均泥沙冲刷量分别为 6.6 万 t、52 万 t、57.2 万 t。鄱阳湖的冲淤规律：从时段分，4—10 月为淤积期，11 月至次年 3 月为冲刷期；从湖水位看，低水冲、高水淤。

第 2 章

鄱阳湖物理模型设计与制作

2.1 物理模型设计前期工作

2.1.1 模型基地选址

共青城位于鄱阳湖西岸，昌九公路中段，博阳河下游，国土面积约 200km²，距南昌、九江均约 50km，北倚庐山、东连鄱阳湖，地理坐标为北纬 29°19′，东经 115°58′。共青城交通便利，公路运输有昌九高速公路、105 国道；铁路运输有南昌—九江、大京九铁路，京九铁路共青城站为国家二级客货两用火车站；距南昌昌北机场仅 30km，航线可达全国各地及香港。共青城开发区以北 50km 处有九江外贸国际集装箱及货运码头，年吞吐量为 5000 万 t，能停靠 5000t 级货轮；投资 60 亿元修建的昌九城市轻轨铁路，时速达 200km/h，与南昌、九江形成半小时经济圈。

考虑试验基地面积、供水、供电、交通、通信、环境及已有资源的整合聚集效应等因素，通过对共青城及丰城市等场址进行比选，鄱阳湖模型试验研究基地选定建设在江西共青城。基地西面紧靠富华大道；南面至乌龟山部分地域；北面为约 550 亩的水面，可兼作模型的备用水源，与中航公司建成的格兰云天酒店隔水相望；东面为鄱阳湖湖区，低水位时为浅滩，作为基地的天然湿地野外试验区（不计入基地规划总用地）。基地规划总用地为 500 亩，其中模型试验区用地 360 亩，学术交流区用地 140 亩。

研究基地属亚热带湿润季风气候区，气候温和，雨量充沛，日照充足，无霜期长。雨量在各年及年内分配不均匀，春夏之间多洪水，秋冬之间多干旱，年平均气温为 16.7℃，年降水量为 1366mm，年日照时间为 1885h。

2.1.2 模型总体规划和功能设计

2.1.2.1 总体规划与布置

鄱阳湖模型试验研究基地规划为两个功能区，分别为模型试验区和学术交流区。鄱阳湖模型试验研究基地遵循"开放、实用、美观、集中、经济"的布置原则，成为一个集科学研究、学术交流、科普展览旅游为一体的国际开放型高层次的技术平台。

模型试验区是鄱阳湖模型试验研究基地的主体功能区，主要布置有鄱阳湖湖区模型、赣江尾闾综合整治模型、模型试验大厅和控制中心、泵房等配套设施，其中湖区模型为模型试验区主体模型，模型范围包括长江江西段、鄱阳湖主湖区、江西五河尾闾；学术交流区设计布置有科研综合楼、专家公寓等配套设施，基地建筑物总占地面积共计约 18 万 m²。模型基地总体布置见图 2.1，基地模型全景见图 2.2。

图 2.1 模型基地总体布置图

2.1.2.2 模型基地功能设计

鄱阳湖模型试验研究基地包括模型试验区和学术交流区。

（1）科学试验与研究。模型试验区是基地的主体功能区，可开展湖区水沙运动规律，江、河、湖关系，流场、江湖分流分沙对鄱阳湖防洪的影响，蓄滞洪区的分洪效果，水位变幅对湿地的影响，泥沙和局部冲淤变化，以及湖区污染物输移、扩散规律等研究；可研究三峡运行后对鄱阳湖诸多方面的影响，可以针对枢纽工程相关问题进行研究论证；可开展江河堤防化、通航条件、涉河建筑物防洪影响等研究；可开展湿地演替、发育规律和湿地退化情况等研究。

（2）学术合作与交流。鄱阳湖模型试验研究基地作为公益型水利科研基

图 2.2　模型基地全景图

地，参照国家开放式重点实验室的管理体制进行运行和管理，高度实现资源共享，为国内外相关的重大科研项目提供研究和试验平台，围绕大江、大河、大湖治理战略和学科发展前沿，尤其是鄱阳湖的保护、开发与治理，积极开展国内外技术交流和合作，促进基地良性运行。

学术交流区内设计布置科研综合楼、专家公寓，在科研综合楼内设计布置有鄱阳湖水资源与环境重点实验室、江西省淡水藻种库、学术报告厅等配套设施。

（3）科普与旅游。鄱阳湖模型试验基地不仅是科学研究的平台，也是向社会宣传鄱阳湖的一个窗口，可让社会公众更真实地了解鄱阳湖，提高公众爱护鄱阳湖、保护鄱阳湖的参与热情，同时还可作为水利、水环境及水生态等学科的科普教育和实习基地。

鄱阳湖模型试验研究基地的湖区模型是我国第一个大湖物理模型，在模型设计、制作与试验研究等诸多方面具有国内唯一性，除其本身的试验功能外，还具有很高的参观价值。研究基地设有三个观景平台，分别位于湖区模型附近的控制中心处、学术交流区的平水塔处和基地与外湖交界处，可多角度地参观基地和模型试验过程。

2.2　鄱阳湖物理模型设计

2.2.1　模型设计依据

模型设计与制作采用实测的地形资料：①鄱阳湖湖区水下地形图（1：10000），由长江水利委员会水文局、江西省水文局、江西省水利规划设计研究院、江西省水利科学研究院整编。②长江江西段水下地形图及岸滩地形图

（1:10000），由长江水利委员会水文局长江下游水文水资源勘测局于 2006 年勘测。

（1）床沙组成。鄱阳湖水系泥沙主要来自"五河"，各主要测站的多年平均输沙量分别为外洲 895 万 t、李家渡为 142 万 t、梅港为 209 万 t、虎山为 56 万 t、万家埠为 37 万 t。鄱阳湖水系泥沙绝大部分来源于赣江，其他诸河占比较小。"五河"中赣江含沙量最大，多年平均含沙量为 0.133kg/m³；饶河相对最小，多年平均含沙量为 0.0811kg/m³。鄱阳湖湖口站多年平均输沙量为 994 万 t。赣江和长江武穴—彭泽河段床沙质级配分别见表 2.1、表 2.2 和图 2.3、图 2.4。

表 2.1　　　　　　　　　　　赣 江 河 段 床 沙 级 配

粒径 d/mm	0.05	0.1	0.25	0.5	1.0	2.0	5.0	10.0
小于某粒径沙重占比/%	0	0	1	32	59	74	88	100

表 2.2　　　　　　　　　　　武穴—彭泽河段河床组成

粒径 d/mm	0.05	0.1	0.25	0.5	1.0
小于某粒径沙重百分数/%	0.64	8.66	83.85	96.79	100

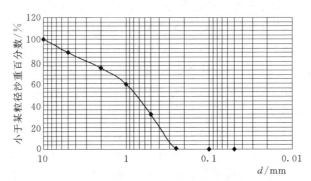

图 2.3　赣江河段泥沙粒径级配曲线

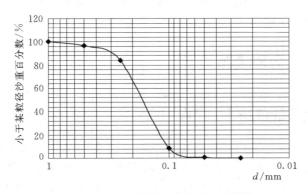

图 2.4　武穴—彭泽河段床沙级配曲线

（2）悬移质组成分析。赣江悬移质级配查水文年鉴获得，中值粒径 $d_{50} = 0.058\text{mm}$，平均粒径 $d_m = 0.066\text{mm}$，赣江及长江江西段级配组成见表 2.3、表 2.4 和图 2.5、图 2.6。

表 2.3　　　　　　　　　　　**赣江悬移质级配**

粒径 d/mm	0.001	0.025	0.075	0.1	0.25	0.5	1.0
小于某粒径沙重百分数/%	0	29.7	68.0	86.1	96.5	99.5	100

表 2.4　　　　　　　　　　　**武穴—彭泽悬移质级配**

粒径 d/mm	0.01	0.025	0.05	0.1	0.25	0.5
小于某粒径沙重百分数/%	27.9	50.1	70.7	93.2	99.6	100

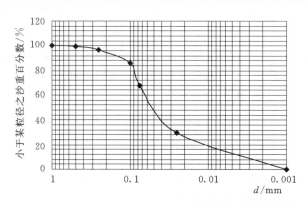

图 2.5　赣江河段悬移质级配曲线

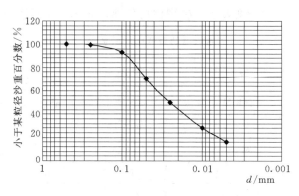

图 2.6　武穴—彭泽河段悬移质级配曲线

（3）推移质组成。长江中下游河段床沙与推移质级配组成非常接近。在研究推移质问题时，可以用床沙粒径级配代替推移质粒径级配。

（4）糙率和含沙量。糙率的取值对水流计算具有重要的作用，目前对糙率的平面分布处理还不成熟，大都采用河段综合糙率。本书在一维模型率定糙率的基础上，根据实测流量，分若干个流量级自动率定糙率，结果见表 2.5、表 2.6。

表 2.5 赣江河段糙率-流量关系

流量/(m³/s)	800	1000	2000	3000	4000	5000
糙率	0.0200	0.0220	0.0242	0.0242	0.0245	0.0255
流量/(m³/s)	6000	7000	8000	9000	10000	11000
糙率	0.0257	0.0260	0.0283	0.0283	0.0284	0.0285

表 2.6 武穴—彭泽河段糙率-流量关系

流量/(m³/s)	5200	11100	30800	50700
糙率	0.0223~0.0218	0.0230~0.0216	0.0215~0.0200	0.0182~0.0170

"五河七口"及湖口水位站的径流和泥沙资料是同步的，经过对观测站 20 年的资料统计和分析算出含沙量分别是：渡峰坑 0.019kg/m³、万家埠 0.040kg/m³、外洲 0.072kg/m³、梅港 0.040kg/m³、李家渡 0.042kg/m³、虎山 0.020kg/m³；含沙量最大的是外洲观测站，最小的是渡峰坑观测站。

2.2.2 模型相似比尺关系

2.2.2.1 几何相似与水流运动相似

湖区模型、赣江尾闾河道模型、抚河尾闾河道模型等均为变态模型。根据不同模型试验自身的精度要求，模型比尺分别按表 2.7 初步选用。

表 2.7 水流运动相似比尺汇总表

模 型 内 容		湖区模型	赣江尾闾河道模型	抚河尾闾河段模型
几何比尺	α_l 平面比尺	$\alpha_l=500$	$\alpha_l=300$	$\alpha_l=200$
	α_h 垂直比尺	$\alpha_h=50$	$\alpha_h=80$	$\alpha_h=80$
	η 变率	$\eta=10$	$\eta=3.75$	$\eta=2.5$
水流运动相似比尺	流速比尺 $\alpha_u=\alpha_h^{1/2}$	7.07	8.94	8.94
	流量比尺 $\alpha_Q=\alpha_h\alpha_l\alpha_u$	176777	214663	143108
	河床糙率比尺 $\alpha_n=\dfrac{\alpha_h^{2/3}}{\alpha_l^{1/2}}$	0.607	1.072	1.313
	水流时间比尺 $\alpha_t=\dfrac{\alpha_l}{\alpha_u}$	70.71	33.54	22.36

除满足表 2.7 中的水流运动相似条件外，为保证模型与原型水流能用基本上相同的物理方程描述，根据水利部颁发的模型规范如《水工（常规）模型试验规程》（SL 155—2012）、《河工模型试验规程》（SL 99—2012）要求，还需同时满足以下两个限制条件：

（1）模型水流必须是紊流，要求模型雷诺数为

$$Re_m > 1000 \sim 2000$$

（2）不使表面张力干扰模型的水流运动，要求模型水深为

$$h_m > 1.5\text{cm}$$

长江中下游枯季的河道水深一般大于 2.5m，流速也均在 1.2m/s 左右；鄱阳湖似葫芦形平面，流速为 0.3～0.8m/s，平均水深为 8.4m，最深处为 25m。按初拟定的模型比尺，均能满足上述条件。

2.2.2.2 悬移质运动相似

1. 沉降相似

悬移质泥沙运动受重力与紊动扩散作用，从泥沙运动扩散方程推出的相似条件有两个，一个是按重力相似要求得到的沉降流速比尺关系式：

$$\alpha_\omega = a_u(a_h/a_l) \tag{2.1}$$

另一个按紊动扩散相似要求得到的沉降流速比尺关系式：

$$\alpha_\omega = a_u(a_h/a_l)^{1/2} \tag{2.2}$$

通过计算得出沉降流速相似比尺（表 2.8）。

表 2.8　　　　　　　　模型沉降流速比尺表

模 型 名 称	重力相似	紊动扩散相似
湖区模型	0.71	2.24
赣江尾闾河道模型	2.38	4.62
抚河尾闾河道模型	3.58	5.65

对于变态模型，难以保证两个比尺关系同时满足。在进行悬移质动床模型试验时，由于紊动扩散作用及重力作用是决定悬移质运动的一对主要矛盾，变态模型应以表征这一主要矛盾的比尺关系式 $\alpha_\omega = a_u(a_h/a_l)^{1/2}$ 得到满足为宜。另外，近 20 多年来，在悬移质动床模型试验中，一般均按照式（2.3）确定含沙量比尺关系式：

$$S_* = \frac{\rho_s}{8c_1 \dfrac{\rho_s - \rho}{\rho}}(f - f_s)\frac{u^3}{gR\omega} \tag{2.3}$$

该比尺与模型通过验证试验最后所确定的含沙量比尺相差不远。这一实践经验，也进一步说明了变态模型的悬移相似应使用式（2.2）。依此，可用适用于不同流区的张瑞瑾沉速公式

$$\omega = \xi \sqrt{\frac{\rho_s - \rho}{\rho} gd} \tag{2.4}$$

导出满足悬移相似的模型沙粒径比尺关系式

$$a_d = \frac{a_\omega^2}{a^{\frac{\rho - \rho_s}{\rho}} a_\xi^2} \tag{2.5}$$

其中

$$\xi = \sqrt{\left[\frac{13.95 \frac{v}{d}}{\sqrt{\frac{\rho_s - \rho}{\rho} gd}}\right]^2 + 1.09} - \frac{13.95 \frac{v}{d}}{\sqrt{\frac{\rho_s - \rho}{\rho} gd}}$$

2. 起动相似

本模型既要模拟河床淤积问题，又要模拟河床冲刷问题，应满足起动相似。起动相似条件为

$$\alpha_{u0} = \alpha_u \tag{2.6}$$

α_{u0} 分别为 7.07、10.0，对于落淤在床面上的床沙质，在冲刷过程中往往以近底悬浮状态运动，其中起动判别标准可用代表重力作用与紊动作用对比关系的悬浮指标来确定，即

$$Z = \frac{\omega}{ku_*} \tag{2.7}$$

当 $Z \geqslant 5$ 时，作为床面泥沙起动的临界条件，引用水流阻力公式 $u = A\left(\frac{h}{d}\right)^{1/6}\sqrt{hj}$ 和 $n = \frac{d^{1/6}}{A}$，可导出临界条件下的起动流速公式

$$u_0 = \frac{\omega}{kz\sqrt{g}} \tag{2.8}$$

由此，得

$$a_{u0} = a_h^{1/6} a_\omega a_n \tag{2.9}$$

a_{u0} 分别为 7.07、10.0，由式（2.9）可以看出，对于任何选定的模型沙，只要满足沉降相似和糙率相似条件，起动相似条件便相应得到满足。

3. 挟沙相似

悬移质泥沙运动相似中必须满足进入河段的输沙率模型与原型相似，这就涉及含沙量比尺问题，由一般不平衡输沙公式

$$\frac{d_s}{d_x} = -\frac{a\omega}{q}(s-s_*)$$ （2.10）

由挟沙公式，可导出含沙量比尺

$$a_s = a_{s_*}$$ （2.11）

和

$$a_s = \frac{a_{\rho_s}}{a_{\frac{\rho_s-\rho}{\rho}}}$$ （2.12）

4. 河床变形相似

河床冲淤过程中产生的河床变形必须满足模型与原型相似，这主要涉及河床变形时间比尺问题，由沙量平衡方程式

$$\frac{\partial q_s}{\partial x} + \rho'\frac{\partial Z_0}{\partial t} = 0$$ （2.13）

通过式（2.12）和式（2.13）导出河床变形时间比尺关系式

$$a_{t'} = \frac{a_{t'}a_l}{a_s a_u} = \frac{a_{r'}}{a_s}a_t$$ （2.14）

2.2.2.3 推移质运动相似

1. 起动相似

沙质推移质运动和悬移质中的床沙质运动同时存在，并经常发生交换，应将二者统一考虑。推移质运动相似最重要的是必须首先满足起动相似条件。因为本模型推移质级配组成与床沙质组成非常接近，所以，在满足床沙质起动相似条件下，推移质起动相似自然会得到满足。

过去许多学者采用起动流速公式设计起动流速比尺关系式。考虑到起动流速公式不一定充分可靠，在实际工作中，往往不能用现成的起动流速公式推求比尺关系，最好通过水槽试验确定模型沙的起动流速，通过分析原型观测数据确定原型沙的起动流速，然后以原型沙起动流速与模型沙起动流速的比值，作为起动流速比尺。这种做法较为可靠，所得到的起动流速比尺则是可以信赖的。

2. 输沙相似

对于推移质运动相似来说，关键是起动相似，在满足起动相似条件下，才有可能做到单宽推移质输沙率相似。单宽推移质输沙率比尺原则上可以从单宽推移质输沙率公式导出，但目前尚无公认的具有可靠结构形式的推移质输沙率公式。现阶段解决此问题的办法主要是选定一输沙率公式，并导出输沙率比尺，然后在模型验证试验中，通过复演原型河床变形进一步修正和确定单宽推移质输沙率，并建立推移质输沙率与流量的关系 $G_{sp} = f(Q_p)$，即可作为正式试验时模型进口施放推移质输沙率的依据。但对于平原河流来说，由于沙质推移质与床沙质粒径级配非常接近，在运动过程中，二者常常混为一体，对于其

引起的河床变形，很难区分出哪种沙所占比重的多少。另外，在一般平原河流中，推移质输沙量占悬移质输沙量的百分数很小，例如，长江中下游，仅为0.1%～1%，即使仅考虑悬移质中的床沙质部分，也远比推移质输沙量大得多。因此，在研究长江江西段河床变形和防洪问题时，对于沙质推移质在模型试验中可以不单独考虑，而放在床沙质中一并考虑，以河床变形相似验证结果作为控制正式试验加沙量的标准。

3. 河床变形相似

一般情况下，推移质与悬移质河床变形相似时间比尺是很难做到统一的。在实际工作中，往往是让沙质推移质的时间比尺服从悬移质时间比尺，其原因主要是悬移质中的床沙质输沙率远远大于沙质推移质，对河床变形起决定作用的是悬移质中的床沙质，而不是沙质推移质。对于本模型来说，因为沙质推移质、床沙、床沙质粒径级配基本相同，沙质推移质输沙量已含在床沙质中统一考虑，所以，以悬移质中的床沙质引起的河床变形时间比尺代替推移质河床变形时间比尺是比较合理的。

4. 模型沙初步比选

动床模型设计中，关键在于选择合适的模型沙，以满足各项相似条件。所选模型沙一方面要满足水流运动相似要求的床面糙率相似，另一方面又要满足泥沙运动相似，如满足泥沙起动及沉降相似条件、推移质运动河床变形时间比尺与悬移质运动河床变形时间比尺的一致、河床变形时间比尺与水流运动时间比尺接近。同时，模型沙还受到价格和足够的供给来源等因素制约。

2.2.3 湖区模型布置

湖区模型主要模拟鄱阳湖湖区、五河尾闾、湖口及部分长江河段（武穴—彭泽段），是基地的主体模型（图2.7），主要研究五河来水及长江分流对鄱阳湖水位的影响，重点研究江湖、河湖关系。可研究江湖的分流分沙对鄱阳湖整体防洪的影响和蓄滞洪区的分洪效果，为鄱阳湖的整体防洪调度提供技术支撑；可开展湖区污染物输移、扩散规律和水质纳污能力等研究，为保护鄱阳湖一湖清水提出有效对策和应对措施；可分析研究鄱阳湖水位和湿地的相关关系，开展湿地保护措施等研究。

鄱阳湖似葫芦形平面，全湖最大长度为173km，最大宽度为74km，最小宽度仅3km，平均宽度约17km。模型几何比尺水平比尺为1:500，垂向比尺为1:50，变率为10。模型采用露天模型，最大长度为346m，最大宽度为140m，最小宽度为6m，模型试验区占地面积约8万 m²，其中模型面积约6万 m²，模型水面面积约1.8万 m²（对应鄱阳湖水面面积4500km²）。模型平均水深可达20cm左右，可较好地表现鄱阳湖现实壮观景象，在满足试验功能

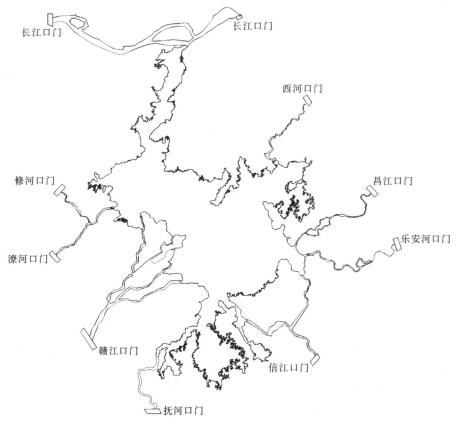

图 2.7　鄱阳湖湖区物理模型示意图

的基础上，同时具有较高的科普、科教和景观价值。湖区模型的试验量测项目主要为水位和流场，模型比尺变率为 10，对大水域模型而言，模型试验精度可基本满足要求。

模型四周布设回水渠，梯形断面，深 2.0m（取水口处深 3.5m），顶宽 10.0m，C15 混凝土衬护，可起到模型蓄水池和回水系统的作用，对模型"五河一江"口门供水。

湖区进水分别设"五河七口"和长江的口门，湖区区间来水量就近并入"五河"口门进行供水（丰溪河并入抚河、博阳河并入修河），单设西河进水口门，在模型各口门处设置泵房往回水渠取水。基地污水排放设置排污暗沟，净化处理后外排入湖或注入回水渠作为模型水源。

2.2.4　模型供水供沙系统

模型采用水沙分开系统。在布置供水供沙系统时，考虑"合理布局、高效利用设备、节约投资"的原则，系统采用集散布置方式。经对各模型试验区进行对比分析，物理模型供水、供沙总量主要考虑最大需水量的湖区模型所需供水量，供水供沙系统亦主要依照满足湖区模型试验研究的要求进行设计。

2.2.4.1 供水系统综合设计

1. 槽蓄水量

槽蓄水量大小直接牵涉到工作池、蓄水池的布局、个数和尺寸以及回水渠的尺寸。工作池、蓄水池和回水渠的布局及尺寸必须满足试验的正常运转和保证试验停止时地面上的水（模型水量和管路水量等）流入工作池、蓄水池和回水渠后不漫流。经计算，天然鄱阳湖总库容约 340 亿 m^3，武穴—彭泽长江段总蓄水量约 60 亿 m^3。模型平面比尺为 1:500，垂直比尺为 1:50，则模型所需水量约 3000m^3，模型回水渠及进水渠、过渡段总长约 2000.0m，回水渠水面宽度 10.0m，水深以 1.0m 计，回水渠蓄水量约 3 万 m^3，则槽总蓄水量为 3.3 万 m^3。

基地北面为一面积约 550 亩的水面，水深 1.0m，蓄水量达 26 亿 m^3，可作为基地的备用蓄水池，主要供湖区模型回水渠槽蓄水。回水渠槽蓄水量达 30000m^3，为湖区模型槽蓄水量的 10 倍，可起到湖区模型蓄水池和回水系统的作用。

规划设计的其他模型试验区（河道模型），拟采用平水塔和集水池作为模型的总回水系统。集水池长 30m，宽 20m，水深 2.0m，水面面积约 600m^2，露天布置，总蓄水量为 1200m^3，可满足各模型试验区的试验放水要求。

2. 进口最大流量

进口最大流量参数直接牵涉到供水系统的供水能力设计，如水泵型号、管径、电磁流量计选择。最大流量必须满足模型验证和方案试验。根据资料统计（以"98"洪水为典型洪水），模型各进口最大流量按流量比尺计算，最大流量的 1.5 倍作为模型进口所需最大流量，原型和模型各进口最大流量见表 2.9。

表 2.9　　　　　　　　　湖区模型各进口最大流量统计表

口门	天然最大流量 /(m^3/s)	模型最大流量 /(m^3/s)	模型设计流量 /(m^3/s)	备　注
长江	80000	1.28	1.92	1998 年实测最大值
湖口	32700	0.52	0.72	鄱阳湖枢纽下泄量
赣江	18000	0.29	0.43	1998 年实测最大值
信江	13000	0.21	0.31	1998 年实测最大值

口门	天然最大流量/(m³/s)	模型最大流量/(m³/s)	模型设计流量/(m³/s)	备　注
抚河	10000	0.16	0.24	1998 年实测最大值
饶河	10000	0.16	0.24	1998 年实测最大值
修河	10000	0.16	0.24	1998 年实测最大值
西河	—	—	0.15	类比估算值

注　"五河"口门模型设计流量另考虑尾闾及湖区来水量。

各口门设计流量和加沙量具体数据见表 2.10。

考虑到"高效利用设备、节约投资"的设计原则，本设计在模型进口相对集中的地方设置集中泵站 3 个，泵站包含供水系统和供沙系统。具体设置方式见表 2.11。

表 2.10　　　　　　　　　供水供沙系统设计值

口　门	设计加沙量/(kg/s)	设计流量/(m³/s)	口　门	设计加沙量/(kg/s)	设计流量/(m³/s)
长江	3	0.80	信江	1	0.20
修河	1	0.10	乐安河	1	0.10
潦河	1	0.10	昌江	2	0.10
赣江	2	0.20	西河	2	0.10
抚河	1	0.10			

表 2.11　　　　　　　　　泵　房　设　计　值

泵站设置	水系	设计加沙量/(kg/s)	设计流量/(m³/s)
泵房 1	长江	3	0.80
泵房 2	修河	1	0.10
	潦河	1	0.10
	赣江	2	0.20
	抚河	1	0.10
泵房 3	信江	1	0.20
	乐安河	1	0.10
	昌江	2	0.10
	西河	2	0.10

从表 2.11 可以看出，湖区模型各个泵站设置的供水供沙能力相对均匀，3 个泵站相对集中的供给 9 个口门，可节约工程投资。在三号泵房设分管从外湖取水口往回水渠取水，并在回水渠东面设溢流口，回水渠多余水净化后外排入湖。枢纽模型水源共用湖区模型四周回水渠，通过泵房往回水渠取水，模型内设置双向回水回沙系统。

模型试验区其他模型均单设泵站进行供水供沙，在模型试验大厅东侧设一面积 600m^2、水深 2m 的蓄水池，模型试验用水由泵抽水至平水塔，形成平水塔→管道沟→回水渠→模型→回水渠→集水池的模型的回水系统。

2.2.4.2　供沙系统设计

湖区模型供沙系统采用如下工艺流程：塑料沙搅拌池（2 个）→螺杆泵→各模型进口门→沉沙池（回收）。

处理好的塑料沙由合力叉车输送至塑料沙搅拌池内。入搅拌池之前，需对投加的塑料沙进行称重，并输入控制室管理站。塑料沙在搅拌池内与清水充分混合，配比成 50% 浓度的悬浊液。然后通过螺杆泵分别输送至各模型加沙点。所有输送含沙水的管道均需按流向设置 0.005 的坡度。

2.2.4.3　泵站设计

（1）布置及设计说明。泵站布置于回水渠与进口门之间的空地上，泵站内布置清水泵房、加沙泵房、控制室和低压配电室。清水泵房采用半地下式，清水泵布置于清水泵房内，泵房内设置巡检通道，设备检修通过起重机将设备运出检修。

清水泵采用大泵和小泵匹配置，达到节约调速设备的投资及运行费用。清水泵采用铸铁泵，380V 电源供电。本设计按照所有水泵全开满足系统最大流量设计。

（2）主要控制回路说明。控制室控制水泵的启停、控制阀门的开闭，通过出水母管上的流量计自动控制调节阀开度，实现流量的自动控制；通过出沙管道上的流量计自动控制加沙泵转速，实现加沙量的自动控制。所有液位均与下游水泵连锁，低液位停泵，防止水泵空转，保护水泵。

（3）主要构筑物给排水。清水泵房内通过地沟收集设备的漏水，将之汇集到集水池内，通过泵房排水泵输送至模型区排水管网；加沙泵房、控制室及配电室的排水直接排放至模型区排水管网；塑料沙搅拌池的溢流及排放均排放至模型区排水管网。

（4）消防设计说明。泵站不单独设置水消防，共用模型区水消防设施。

（5）暖通设计说明。清水泵房需设置强制通风设备，对大型电机进行空气冷却。本设计中单台电机最大发热量为 23kW。控制室内需维持温度在 15～25℃。

2.2.5　控制与测量系统

2.2.5.1　控制方式

鄱阳湖模型试验研究基地是一套完全新建的项目。为实现工程的高质量和模型试验研究的高效益，按照"技术先进、控制可靠、生产需要、经济合理"的原则，自控设计总体方案将实现"采集、控制、数据传输、数据保存一体化"的计算机网络和完善的现场测控仪表配置。在对控制系统进行选择时，充分考虑系统的扩充和兼容性能，满足整个试验研究基地的监控要求。

根据模型试验研究的技术要求，通过模型试验现场的量测仪表和设备自动实时采集水力参数，利用计算机网络和自动控制系统对试验过程和量测设备进行现场监控。

在测控中心内，可在操作员站上显示现场仪表的监控参数，对现场执行机构进行控制。各种参数和数据通过网络上传到测控中心。在测控中心设置网络上的上位计算机，监视整体试验过程、试验数据和现场声像。同时，各泵站控制室均设置现场控制机柜和操作员站，操作人员可以读取系统内被授权的相关数据；操作员站具有手动/自动切换功能，在必要的时候，可以进行人工操作进行试验。

根据现场检测点的布置，在各泵站控制室各设置一套模型测量控制系统，与专用水位仪、淤厚仪、测速仪等仪器构成总线式网络，检测区域内模型的水位，以及断面的沙面、库面和断面表层流速分布情况，为模型试验提供可靠数据。模型测量控制系统可实现远程尾水位检测及尾门控制，可将尾门数位水位及开度数据实时传送至测控中心。模型测量控制系统具备工业以太网接口，监测控制参数可送往测控中心的操作员站以及泵房控制室。

按上述设计的模型试验研究检测和控制系统，将保证总体试验的正常、稳定、安全、可靠运行，并在异常情况下做出紧急处理。

2.2.5.2　系统设计

测控系统采用分层分布式结构进行总体设计，包括操作员工作站、数据库服务器、嵌入式视频服务器、工业以太网交换机、大屏幕显示系统以及现场布置的大量量测仪器等。系统可实现的控制及量测功能主要有：模型进口流量控制、加沙控制、尾部水位控制、水位测量、流速流态测量、动床模型地形自动测量和影像监控等。

（1）操作员站/工程师站。操作员站是操作员了解各装置全部信息的接口单元，操作员可在正常或异常情况下对各装置进行控制和监视。操作员站主要由彩色显示触摸屏、操作员/工程师键盘、鼠标器、中央处理单元等组成，同时可以支持各种外部设备，如磁光盘驱动器、打印机等。

（2）控制和数据处理系统。控制和数据处理系统包括完成控制功能和 I/O 监视功能的全部硬件和软件，系统通常由控制处理器、I/O 模块所组成，它们都安装在标准的机柜内，控制处理器执行控制功能，I/O 接口模块处理现场 I/O 信号（图 2.8）。卖方应按各种组件的 20% 提供备用量，同时在机柜中提供 20% 的备用空间以备将来扩展。控制和数据处理系统的实际数据处理量不应超过系统处理能力的 60%。

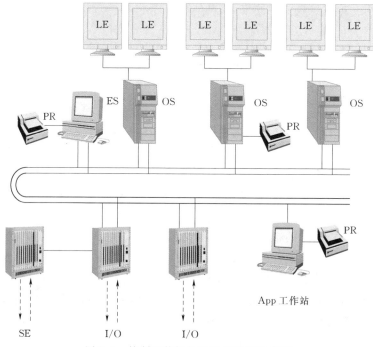

图 2.8　控制和数据处理系统配置示意图

控制和数据处理系统可以支持各种输入和输出信号，所有的输入和输出电路都能防止信号过载、瞬变和浪涌冲击。

（3）通信系统。测控系统采用工业以太网作为通信传输方式，可完成整个测控系统量测设备之间的信息交换，将控制站及 I/O 接口采集的过程信号送往操作员站显示、存储，将操作员站的控制指令送往控制站，将控制站的输出信号送往各终端设备，接受来自上位管理机的指令，将规定的数据送至上位管理机。

2.2.5.3　仪表选型

所有现场仪表为全天候型，电气防护等级为 IP65 或更高，以满足现场安装的要求。智能仪表采用 RS485 通信协议。

2.2.5.4　系统构成

系统包括控制中心、现场控制室、模型测量控制系统、流量仪表、液位仪表、尾水位控制器及尾门。

（1）控制中心。控制中心设置 3 台操作员站，其中 1 台为挂壁式大屏幕操作站，操作员可以根据试验情况显示观测不同的现场数据和流场流态图像。

为了实现与总工室上位机的通信，在控制中心设置 1 台服务器。在控制中心设置 1 台工程师站，用于对整个系统的诊断、组态、和维护。同时，在网络上配备 2 台打印机，用于试验数据和报警打印。

（2）现场控制室。各泵站现场分别设置机柜和 1 台就地操作员站，方便试验人员对各个现场的监测和控制。机柜及就地操作站通过网络与控制中心通信，交换监控参数。

（3）模型测量控制系统。各泵站的现场控制室分别设置一套模型测量控制系统，此系统为微核嵌入式网络，由 1 台作为主节点的 PC 机和多台具有MKELAN 接口的仪器、控制器组成。支持水位、流速、地形等测量功能，可构成对尾门的开环或闭环控制。

（4）流量仪表。供水供沙管线采用电磁流量计，精度为 0.5 级。

模型中水的流速采用旋桨流速仪，精度为 0.5 级。通过 RS485 接口与模型测量控制系统进行通信。

（5）液位仪表。模型中水位测量采用自动水位仪，分别率为 0.1mm。通过 RS485 接口与模型测量控制系统进行通信。

（6）尾水位控制器及尾门。由自动水位仪、水位控制器，以及执行机构组成机电一体化尾门控制系统，尾门采用直接驱动人字门或平板滑动门。

2.2.6　动力供应

仪表电源由电气专业提供两路互为备用的 220V、50Hz 的交流电源供至各控制室。

各控制室的供电容量分别为：中央控制室为 10kVA；各现场控制室为 10kVA。

控制室设置不间断电源（UPS），容量为 10kVA，蓄电池后备时间为 30min。

2.3　物理模型制作

鄱阳湖模型模拟的范围主要包括鄱阳湖主湖区、江西五河尾闾入湖段、长江江西段，模型制作采用的地形资料有：1998 年鄱阳湖湖区水下地形图（1：10000）、2006 年长江江西段水下地形图及岸滩地形图（1：10000）。

2.3.1 模型制作工艺

湖区模型所在地块现有地面高程约 25.50m，以原型海平面零米高程作为模型建基面，对应模型建基面高程为 25.50m，原型零米高程以下开挖进行地形模拟，零米高程以上土方填筑后进行地形模拟。除长江段外，湖区模型基本高出地面以上，最大高度约 0.5m。清除地面表层厚约 0.5m 耕植土后，回填少量黏土碾压夯实，压实度不小于 0.96。铺设防渗土工膜，铺设前要求基础层表面平整，不允许有硬尖的物块、植物根茎等硬物，以防止土工膜的损坏；铺设土工膜时应注意张弛适度，避免应力集中和人为损坏，同时要求土工膜与基层结合面务必吻合平整，不允许出现凹凸的皱褶及缺口。土工膜上部铺沙，沙层厚约 20cm，碾压密实，相对密度大于 0.7。上部为模型表面固化层，经多种材料和配比比较，初步选定为厚 8cm 的水泥砂浆抹面。实施时，结合现场施工试验进一步研究确定模型表面固化层制作材料，上置塑料植物模拟湖床植被。模型按实测地形用全站仪进行放样，现场制作。模型四周设置导线墙，混凝土结构，顶宽约 10cm，底部与防渗土工膜布相接，上部超出模型表层约 10cm。

2.3.2 模型制作质量控制

据地勘揭露，湖区模型试验区基础为黏土、粉土层，地质条件较简单。清除表面耕植土后，进行振动平碾，再回填少量黏土，碾压密实，原状土和回填土压实度要求达 0.96 以上；上部再铺设防渗土工膜，土工膜上部填沙（见图 2.9）。湖区模型高度约 50cm，原状土上部填土、填沙及模型表面固化层总厚度亦不超过 1.0m；上部承重较小，且地质条件较为单一，均为原状土（黏土、粉土），固结沉降已趋收敛。碾压密实后，模型基础产生不均匀沉降的可能性不大。模型表层和土工膜之间为填沙，相对密度达 0.7，后期变形也很小，且厚度较小，故模型因基础而引起不均匀沉降变形的可能性不大。同时，模型设计布置了多处变形监测点，一旦发现有沉降等变形，及时进行模型修正，并确保模型的相似性。模型下部基础设计采用土工膜防渗，上部填沙厚度小。湖区模型虽然占地面积大，但模型平均水深仅约 20cm，模型最大高度不足 50cm，且模型表面固化层设计采用分缝止水，模型的抗浮稳定能满足要求，同时模型地形采用沙垫层灌水密实后安装断面板控制高程，见图 2.10。

图 2.9　模型沙垫层

图 2.10　断面安装灌水密实

第3章

鄱阳湖物理模型测控系统

3.1 测控系统应用目标

作为室外河工物理模型，鄱阳湖模型具有模型大、河道长、进出口分布多等特点。开展模型试验时，水流情况复杂多变，试验历时长，测量内容多，测点多，布置分散，测量难度较大。如仍按传统室内大型河工模型的标准来设计及建设测控系统，显然已经不能满足试验研究的实际需求。且模型全部建于室外露天空旷环境处，环境恶劣，饱受风雨雷电侵袭，对测控设备（如水位仪、流速仪、尾门控制器、控制模块、联网服务器等）的稳定性和可靠性提出了更高要求，且需考虑整个测控系统的防雷接地设计，无疑又大大增加了测控系统开发的难度。综上，很有必要根据试验需求设计一套完善、可靠的测控系统，能够完整测控各种试验参数。

整个模型自动化系统综合应用量测技术、计算机技术、网络技术、工业自动化技术、多媒体技术、数据库技术，以通信网络为纽带，可实现以下五大功能：

（1）实时数据采集与现场监控。通过模型试验现场的量测仪表和设备自动实时采集水力参数，利用计算机网络和自动控制系统对试验过程和量测设备进行现场监控。

（2）实时远程信息传输功能。通过以太网网络系统，实现水位、流量等信息实时传输功能。

（3）动态数据查询功能。基于分布式数据库技术，可实现动态数据查询功能。

（4）可视化功能。依靠基本数据、实时测量数据、数学模型、虚拟现实技术和可视化软件技术，可动态仿真试验过程，形象直观的表现试验结果。

（5）决策支持功能。通过该系统，可将模型试验中的各类信息进行集成，通过计算机网络系统将模型试验中的各种数据进行对比、分析和处理，并能根据分析和处理结果做出相应的决策。

3.2 量测控制系统总体设计

根据模型试验研究的技术要求，以及测控设备布置比较分散的实际情况，拟采用分层分布式结构进行总体设计。首先在试验基地建设工业级光纤以太网用以连接控制中心和湖区试验模型的3个泵房中的采集控制设备，实现试验数据和监控图像的高速、可靠、实时地传输至控制中心。

系统控制中心备有多台工作终端，通过 TCP/IP 网络连接。正常情况下主控工控机处于工作状态，其他工作终端处于监视状态，一旦主控工控机异常，其他工作终端可以迅速替代主控工控机，完全实现主机的测控功能。控制中心与各测控子系统设备也都通过 TCP/IP 网络连接，整个测控系统以以太网作为主体通信传输方式。量测控制系统总体结构见图 3.1。

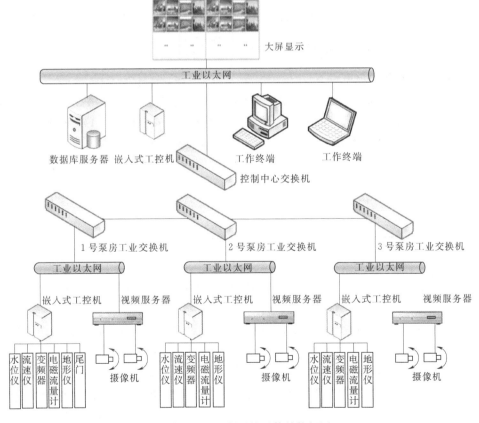

图 3.1 量测控制系统总体结构框图

在控制中心配置操作员工作站、数据库服务器、视频图像服务器、大屏幕显示系统、工业以太网设备及若干工作终端，可在操作员站上实时调用和显示水位、流量等各类模型试验数据，并对三个泵房内的下位机 PID 控制参数和流量给定过程等进行远程设置；数据库服务器用以存储模型试验数据，可以实现技术人员在进行模型试验同时实时调用模型试验数据加以分析处理，提高工作效率；视频图像服务器可以让工作人员在办公室实时监控试验区的重点区域（如泵房、模型前池、模型尾门等）；大屏幕显示系统可以为上级领导和其他来访者展示试验基地建设成果，也可以实时展示和介绍模型试验过程。

在泵房控制室配备嵌入式工控机、工业以太网设备、变频器、电磁流量计、视频服务器等实现模型的水位流量控制、试验数据采集、设备状态监视、试验区图像监控等功能。

3.3　测控中心

量测控制系统测控中心主要由操作员工作站、数据库服务器、视频服务器、工业以太网交换机、大屏幕显示系统、上位机主控软件等组成。

3.3.1　上位机主控软件

3.3.1.1　主要控制算法

鄱阳湖模型测控系统中运用的主要控制算法是 PID 控制算法。

（1）算法选择。PID 是一个闭环控制算法，P 表示比例，I 表示积分，D 表示微分，图 3.2 便是 PID 控制的一个简单流程，具体作用如下：

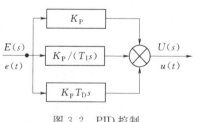

图 3.2　PID 控制

比例，反应系统的基本（当前）偏差 $e(t)$。系数大，可以加快调节，减小误差，但过大的比例使系统稳定性下降，甚至造成系统不稳定。

积分，反应系统的累计偏差，使系统消除稳态误差，提高无差度。只要有误差，积分调节就进行，直至无误差。

微分，反映系统偏差信号的变化率 $e(t)-e(t-1)$，具有预见性，能预见偏差变化的趋势，产生超前的控制作用，在偏差还没有形成之前，已被微分调节作用消除，因此可以改善系统的动态性能。但是微分对噪声干扰有放大作用，加强微分对系统抗干扰不利。

积分和微分都不能单独起作用，必须与比例控制配合，各种配合的控制规律如下。

1）比例控制规律（P）。控制公式为

$$u(t) = K_P e(t) \tag{3.1}$$

式中　K_P——比例系数；

　　$e(t)$——偏差。

采用 P 控制规律能较快地克服扰动的影响，它的作用于输出值较快，但不能很好地稳定在一个理想的数值，不良的结果是虽较能有效地克服扰动的影响，但有余差出现。它适用于控制通道滞后较小、负荷变化不大、控制要求不高、被控参数允许在一定范围内有余差的场合。

2）比例积分控制规律（PI）。控制公式为

$$u(t) = K_P \left[e(t) + \frac{1}{T_I} \int_0^t e(\tau) d\tau \right] \tag{3.2}$$

式中　K_P——比例系数；

　　$e(t)$——偏差；

　　T_I——积分时间常数。

在工程中比例积分控制规律是应用最广泛的一种控制规律。积分能在比例的基础上消除余差，它适用于控制通道滞后较小、负荷变化不大、被控参数不允许有余差的场合。

3）比例微分控制规律（PD）。控制公式为

$$u(t) = K_P \left\{ e(t) + T_D \frac{d[e(t)]}{dt} \right\} \tag{3.3}$$

式中　K_P——比例系数；

　　$e(t)$——偏差；

　　T_D——微分时间常数。

微分具有超前作用，对于具有容量滞后的控制通道，引入微分参与控制。在微分项设置得当的情况下，对于提高系统动态性能指标，有着显著效果。因此，对于控制通道的时间常数或容量滞后较大的场合，为了提高系统的稳定性，减小动态偏差等可选用比例微分控制规律。对于那些纯滞后较大的区域里，微分项是无能为力的，而在测量信号有噪声或周期性振动的系统，不宜采用微分控制。

4）比例积分微分控制规律（PID）。控制公式为

$$u(t) = K_P \left\{ e(t) + \frac{1}{T_I} \int_0^t e(\tau) d\tau + T_D \frac{d[e(t)]}{dt} \right\} \tag{3.4}$$

式中　K_P——比例系数；

　　$e(t)$——偏差；

　　T_I——积分时间常数；

T_D——微分时间常数。

PID 控制规律是一种较理想的控制规律，它在比例的基础上引入积分，可以消除余差，再加入微分作用，又能提高系统的稳定性。它适用于控制通道时间常数或容量滞后较大、控制要求较高的场合。

模型量测控制系统中的流量控制系统由电磁流量计、变频器、水泵组成闭环系统调控模型中进水流量；尾门水位控制系统由步进电机、尾门、跟踪式水位仪组成闭环系统调控尾门水位。这两个子系统要求稳定性高、控制时间短、容量滞后较大等。

根据流量控制系统和尾门水位控制系统的控制要求，以 PID 控制算法为基础，并进行适度改进，能在流量和尾门水位调节中达到满意效果。

（2）PID 控制算法流程图。鄱阳湖模型量测控制系统中流量控制系统、尾门水位控制系统的闭环调控采用 PID 控制。具体的 PID 控制算法流程见图 3.3。

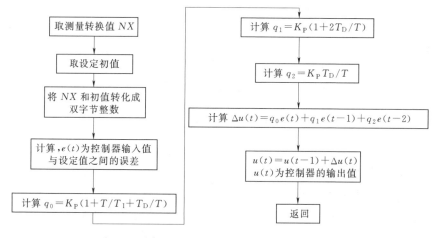

图 3.3　PID 控制算法流程图

图 3.3 中，$u(t)$ 为控制器的输出值，$e(t)$ 为控制器输入值与设定值之间的误差，K_P 为比例系数，T_I 为积分时间常数，T_D 为微分时间。

常数 T 为调节周期。K_P、T_I、T_D 三个参数的设定是 PID 控制算法的关键问题，一般说来编程时只能设定它们的大概数值，并在系统运行时通过反复调试来确定最佳值。因此调试阶段程序须能随时修改和记忆这三个参数。

3.3.1.2　程序流程

在一个自动测控系统中，投入运行的监控组态软件是系统的数据收集处理中心、远程监视中心和数据转发中心，处于运行状态的监控组态软件与各种控制、检测设备共同构成快速响应/控制中心。鉴于此，得出主控软件主程序流程，见图 3.4。

由图 3.4 中可以看出，进入主控界面后，设置 8 个功能选择项，分别是泵房监控、补水与尾门、实时参数查询、历史参数查询、故障查询、运行统计、系统帮助、退出系统。在进行模型试验的前期调试阶段，用到较多的是前两个功能。

泵房监控设置 3 个通道，分别对应的是湖区的 3 个泵房。主要对各个泵房的水泵阀门、变频器、电磁流量计进行远程控制，以及给湖区上的量测设备上电。泵房监控流程见图 3.5。

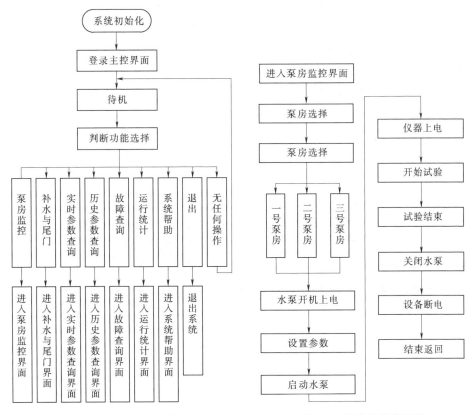

图 3.4　主程序流程图　　　　　图 3.5　泵房监控流程图

图 3.5 中，仪器上电成功后，泵房的电磁流量计、湖区的水位仪等量测仪器便开始工作，以电磁流量计和水位仪为例，仪器上电程序流程见图 3.6。

泵房监控和量测仪器正常工作之后，流量、水位、流速等试验数据便能实时上传，但要符合模型试验的工况，还需进行水位的控制，这便是主程序的第二个功能——补水与尾门控制。尾门水位控制的程序流程见图 3.7。

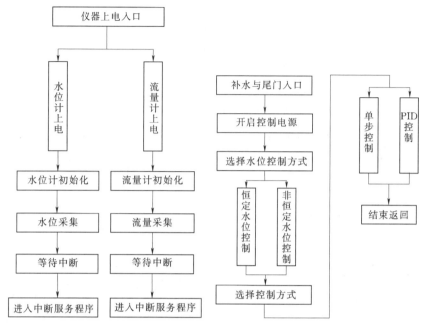

图 3.6　仪器上电程序流程图　　图 3.7　尾门水位控制程序流程图

3.3.1.3　操作演示

下面对上位机主控软件的功能界面及操作方法进行一些简单的阐述（上位机主控软件由浙江省水利水电科学院按照上述需求开发完成）。

双击打开软件之后，即可进入控制界面（见图 3.8）。

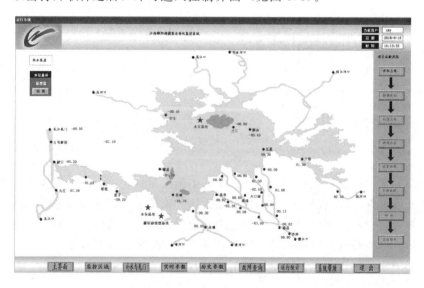

图 3.8　测控软件控制界面

测控软件湖区试验的流程如下：

（1）开机上电。单击开机上电按钮，在跳出的画面中，可控制三个泵房中所有水泵的控制电源和前阀的全开全关。

（2）粗调水位。选中试验所需水泵，然后设置好开启运行频率，一般1号泵房三台水泵初始运行频率均为25Hz，2号泵房的1号、2号水泵为30Hz，4号、5号水泵为25Hz，3号泵房的1号、4号、5号水泵为25Hz，2号水泵为30Hz。设置好运行频率之后，点击"确认"即可。

（3）仪器上电。指的是为湖区水位计的上电操作，只有当湖区水位到达一定高度时，方可选择仪器上电此步骤。

（4）精调水位。精调水位主要通过尾门控制系统对水位进行精度调整，本步骤，可以选择跳过精调，方法为直接选择"精调完成"按钮即可。

（5）曲线设置。本步骤为一个确认过程，提示是否已经设置好相应的曲线。方法为在上位机工控机桌面上选择"网上邻居"，可以打开各泵房内下位机工控机的曲线设置文件夹，各个曲线文件为文本文件（＊.txt），分别为长江.txt、抚河.txt、赣江.txt等。改变里面的数据即改变了相应的曲线。

（6）开始试验。单击开始试验，即可同时对系统内三个泵房的各个水泵进行曲线控制。

（7）停机。当试验完成或者试验已达到目的后，需要停止试验时，可单击"停机"对整个系统内在进行控制的水泵进行停机操作。

（8）设备断电。按下设备断电，即同时对水位计、流量计、水泵变频器电源进行断电，然后对前阀进行关闭操作。

图3.8中，单击图中各圆点，可实时监测该点的实时水位，见图3.9。

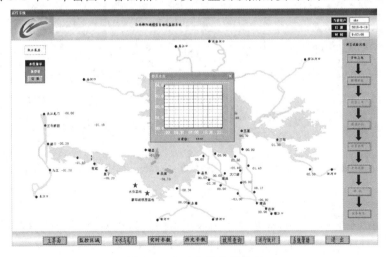

图3.9 实时水位监测界面

选择"监控区域",可打开三个泵房的控制界面,见图 3.10。图 3.10 中,选择前阀,可弹出前阀控制界面,见图 3.11。

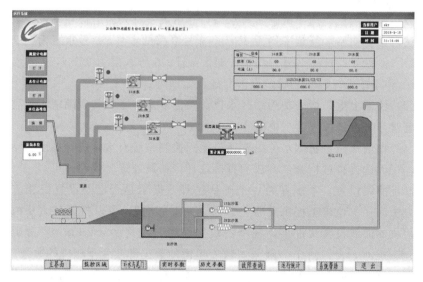

图 3.10　1 号泵房控制界面

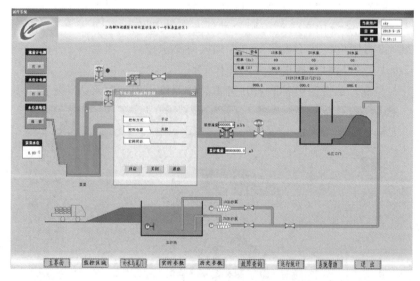

图 3.11　泵前阀控制界面

当阀门全开时,原点颜色显示为绿色;当阀门全关时,显示为红色。
选择"水泵",可弹出水泵控制界面,见图 3.12。

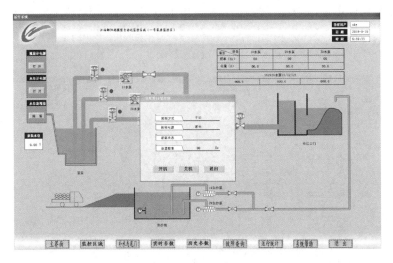

图 3.12　水泵控制界面

当水泵运行时，水泵中心颜色显示为绿色，当水泵停止时颜色显示为白色。

同时该画面中，还可以控制湖区水位计电源，泵房内流量计的电源，控制按钮在该画面的左上角，点击"打开"按钮即打开相应设备的电源，点击"关闭"即关闭相应设备的电源。

取水口泵房控制及尾门控制界面见图 3.13，其中尾门控制水位即可按"设定水位"进行控制也可按"设定水位曲线"进行控制。

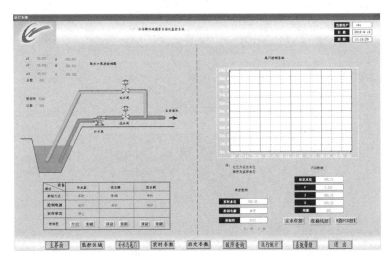

图 3.13　尾门控制界面

此外软件还可以对实时水位、流量以及历史水位、流量以曲线方式进行显示。

单击"故障查询"，显示如图 3.14。

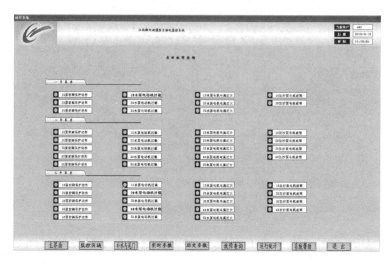

图 3.14　实时故障查询界面

当有故障出现时，该故障前处原点会显示为红色；无故障出现时显示为灰色。

单击"运行统计"按钮，即可出现操作统计表，可查询相应时间段内设备的运行状况、开停机时间、操作员等信息（图 3.15）。

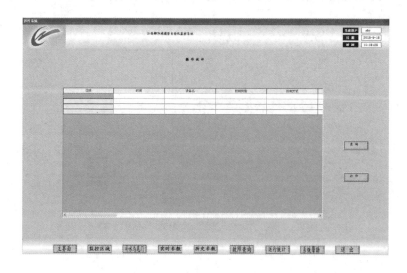

图 3.15　设备运行状况界面

3.3.2　数据服务和视频监控

在模型试验时,位于泵房控制室的下位机将把采集到的水位、流量、流速、含沙量等试验数据,通过光纤以太网实时写入控制中心的数据库服务器中的模型试验实时数据库,为研究人员提供实时的数据服务。

控制中心的视频服务器通过流媒体技术将位于泵房控制室的嵌入式视频服务器采集到的各视频监控点的实时监控图像提供给模型试验技术人员和基地管理人员。

3.3.3　大屏幕显示系统

测控中心大屏幕综合显示系统是鄱阳湖湖区模型测控系统的重要组成部分,其主要是利用现有先进的信息技术和设备,在整合现有的数据资源、通信资源、网络资源、系统资源的基础上,实现大屏幕的无缝综合显示,在控制中心可随时直观地观察、掌握、控制试验过程。

测控中心大屏幕显示系统由 50 英寸投影单元、多屏拼接控制器、矩阵及控制软件等系统构成(图 3.16)。

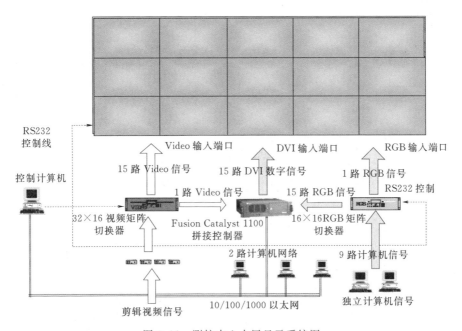

图 3.16　测控中心大屏显示系统图

3.4　模型供水系统

经对各模型试验区进行对比分析，模型供水总量主要考虑最大需水量的湖区模型所需供水量。模型供水系统需满足不同试验工况试验要求，1 号泵房设置 3 台水泵机组，扬程为 8m，功率均为 30kW（2 台备用）；2 号泵房设置 5 台水泵机组，扬程为 7m，功率分别为 15kW、15kW、22kW、22kW（1 台备用），15kW；3 号泵房设置 5 台水泵机组，扬程为 7m，功率均为 15kW（1 台备用）。模型供水系统采用三菱公司的 F74 变频器，通过控制水泵转速，调节水泵的供水流量；采用研华公司的 ADAM 4055 模块控制水泵前的电动闸阀全开及关闭。

1 号泵房负责长江口门供水，2 号泵房负责潦河、修河、赣江、抚河四口门供水，3 号泵房负责信江、乐安河、昌江、西河四口门供水。供水通过回水渠进入模型各口门，流入模型区，并于 1 号泵房长江尾门处流回回水渠。1号、2 号、3 号泵房模型供水系统结构分别见图 3.17～图 3.19。

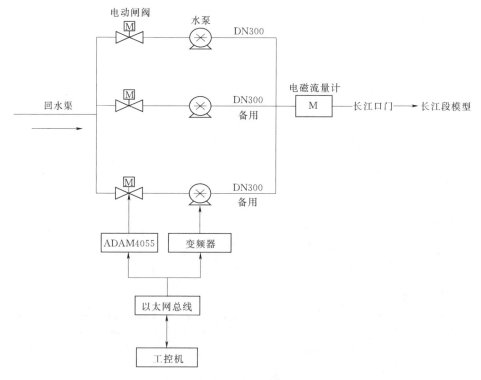

图 3.17　1 号泵房供水系统结构示意图

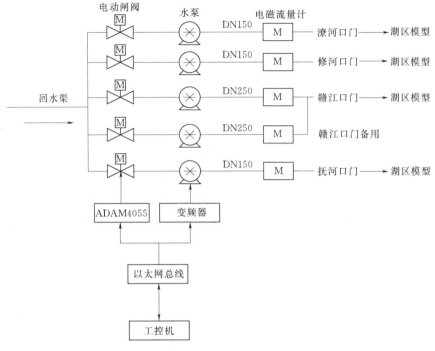

图 3.18　2 号泵房供水系统结构示意图

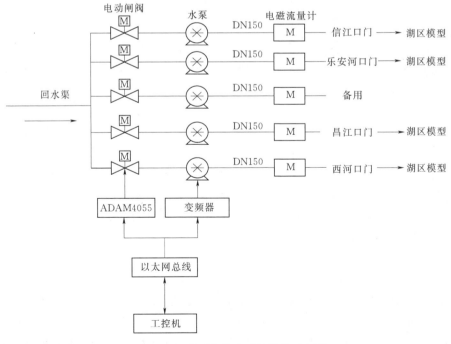

图 3.19　3 号泵房供水系统结构示意图

3.5　流量控制系统

3.5.1　流量控制方案选择

对离心泵的流量控制一般有两种方案：方案一是控制泵出口阀门开启度，方案二是控制泵的转速。

（1）用电动调节阀控制泵的出口阀门开度。通过控制泵出口阀门开启度来控制流量，当干扰作用使流量发生变化偏离给定值时，控制器发出控制信号，控制结果使流量回到给定值。改变出口阀门的开启度可以控制流量的原因是：在一定转速下，离心泵的排出流量 Q 与泵产生的扬程 H 有一定的对应关系，如图 3.20 的曲线 A 所示。在不同流量下，泵所能提供的扬程是不同的，曲线 A 称为泵的流量特性曲线；同时泵提供的压头又必须与管路上的阻力相平衡，克服管路阻力所需扬程大小随流量的增加而增加，如曲线 1 所示。曲线 1 称为管路特性曲线。曲线 A 与曲线 1 的交点 C_1 即为进行操作的工作点，此时泵所产生的扬程正好用来克服管路的阻力，C_1 点对应的流量 Q_1 即为泵的实际出口流量。

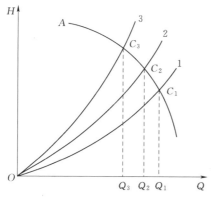

图 3.20　流量、扬程关系图（方案一）

当控制阀开启度发生变化时，因为转速是恒定的，所以泵的特性没有变化，即图中的曲线 A 没有变化。但管路上的阻力却发生了变化，即管路特性曲线不再是曲线 1，随着控制阀的关小，可能变为曲线 2 或曲线 3 了，工况点就由 C_1 移向 C_2 或 C_3，出口流量也由 Q_1 改变为 Q_2 或 Q_3。以上就是通过控制泵的出口阀开启度来改变排出流量的基本原理。控制出口阀门开启度的方案简单易行，是应用最为广泛的方案。但是，此方案总的机械效率较低，特别是控制阀开度较小时，阀上压降较大，对于大功率的泵，损耗的功率相当大，因此是不经济的，同时其调节精度也较低。

（2）用变频调速器控制泵的转速。当泵的转速改变时，泵的流量特性曲线会发生改变。图 3.21 中曲线 1、2、3 表示转速分别为 n_1、n_2、n_3 时的流量特性，且有 $n_1 > n_2 > n_3$。在同样的流量情况下，泵的转速提高会使压头 H 增加。在一定的管路特性曲线 B 的情况下，减小泵的转速，会使工作点由 C_1 移

向 C_2 或 C_3，流量相应也由 Q_1 减少到 Q_2 或 Q_3。这种方案从能量消耗的角度来衡量最为经济，机械效率较高。

近年来随着电力电子器件的快速发展，变频调速器的性能价格比不断提高，加之全球能源危机日益严重，节能降耗显得更加迫切，这些都为变频调速技术的推广应用奠定了基础。采用变频调速进行水泵流量控制，在提供调节精度的同时可以显著降低能耗，节电一般幅度在 $40\%\sim60\%$，且变频器的电机保护功能齐全，提高了自控系统调节控

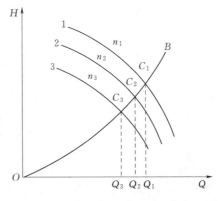

图 3.21　流量、扬程关系图（方案二）

制质量和可靠性。变频器还设有故障显示，便于分析和排除故障。

通过对以上两种控制方式的比较以及现场设备的选型，决定在 1~3 号泵房采用变频器调速方式来控制流量。

3.5.2　流量控制流程

流量控制系统由电磁流量计、变频器、水泵组成闭环系统调控模型各口门进水流量。电磁流量计选用西门子公司的 MAG5000，口径有 150mm、250mm、500mm 等三种规格，采用 modbus RTU 协议与控制计算机通信。模型设计流量参数直接牵涉到供水系统的供水设计能力，如水泵型号、管径、电磁流量计选择。最大流量必须满足模型验证和方案试验。鄱阳湖模型共有 9 个口门入流，模型流量控制系统可实现模型各口门进水流量的恒定流、非恒定流流量控制。

系统工作时，电磁流量计将量测到的模型进水流量传送给控制计算机，控制计算机按设定的期望值或期望曲线进行精确的跟踪控制，通过 PID 控制调节变频器输出给水泵的工作频率，进而改变模型的供水流量。其控制流程如图3.22 所示：

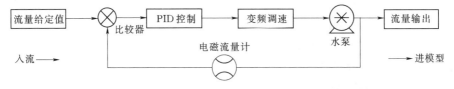

图 3.22　流量控制流程图

图 3.23 为 2 号泵房变频器控制柜、电磁流量计现场图片。

（a）变频器控制柜　　　　　　　　　　（b）电磁流量计

图 3.23　2 号泵房流量控制设备

流量控制系统采用增量式 PID 算法进行调节。增量式 PID 算法通过控制流量的增量，来实时调节变频器频率。

控制器在第 k 时刻采样输出值为

$$u_k = K_P\left[e_k + \frac{T}{T_I}\sum_{j=0}^{k}e_j + \frac{T_D}{T}(e_k - e_{k-1})\right] + u_0 \tag{3.5}$$

控制器在第 $k-1$ 时刻采样输出值为

$$u_{k-1} = K_P\left[e_{k-1} + \frac{T}{T_I}\sum_{j=0}^{k-1}e_j + \frac{T_D}{T}(e_{k-1} - e_{k-2})\right] + u_0 \tag{3.6}$$

将两式相减，就可以得到增量式 PID 控制算法公式：

$$\Delta u_k = u_k - u_{k-1} = K_P\left(1 + \frac{T}{T_I} + \frac{T_D}{T}\right)e_k - K_P\left(1 + 2\frac{T_D}{T}\right)e_{k-1} + K_P\frac{T_D}{T}e_{k-2}$$

$$= Ae_k + Be_{k-1} + Ce_{k-2} \tag{3.7}$$

其中　　　$A = K_P\left(1 + \frac{T}{T_I} + \frac{T_D}{T}\right), B = -K_P\left(1 + 2\frac{T_D}{T}\right), C = K_P\frac{T_D}{T}$　　(3.8)

式中　　K_P——比例系数；

　　$e(t)$——偏差；

　　T_I——积分时间常数；

　　T_D——微分时间常数；

　　e_k——输入偏差；

　　T——采样周期；

　　u_0——控制变量。

控制系统采用恒定采样周期 T，一旦确定了 A，B，C，只要利用前后三次测量值的偏差，就可求出控制增量。试验中通过采用增量 PID 控制算法，流量的控制误差精度不超过±1%。

3.6　水位流速测量系统

水位、流速测量系统主要由自动水位仪、流速采集仪、串口设备联网服务器组成。整个模型共布设 68 个自动水位测点。考虑到水位测量数据的实时性，现场采用 20 台以太网联网服务器，每台服务器独立负责所布置区域水位自动测点数据的采集，所有水位、流速测量数据通过以太网传输入各泵房控制中心的工控机上。系统结构如图 3.24 所示。

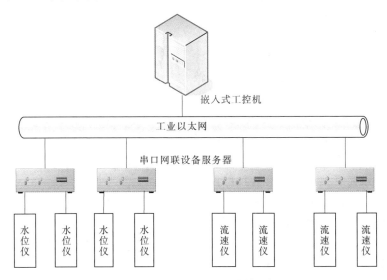

图 3.24　水位流速测量系统结构框图

图 3.24 中水位测量、断面流速测量采用江西省水利科学研究院自主研制的 JS-C 型精密水位仪、八线智能流速仪。这两类仪器操作简便、适应性广泛，具有完善的数据处理功能，是我国水工、河工、港工模型试验中测量流速的新一代产品。

3.6.1　跟踪式水位仪

由于大部分河工模型试验均在水工大厅室内完成，国内当前生产的大部分数字水位仪也仅适用于在室内使用，而对于实体的露天物理模型，这些水位仪大多都不适用。实体露天物理模型大多处于野外，现场环境恶劣，且常年饱受风雨侵袭，水位仪在这种状况下使用，其可靠和稳定性相较于水工大厅内使用的一般数字水位仪需有较大的提高，且这种水位仪设计的时候需充分考虑野外防风、防雨、防雷等一系列问题。因此在对 JS-C 型精密数字水位仪进行设计的过程中，进行了一些特别的改进与处理，提高了水位仪的可靠性和抗干扰性，通过试验证实，JS-C 型水位仪达到了模型要求的动态高精度水位测量要求。

3.6.1.1 JS-C 型水位仪工作原理

JS-C 型精密数字水位仪的传感器采用高精度丝杆作为传感器。为实现良好重复性，通过对其信号进行特别处理，克服了水位测针频繁上下换向可能导致的计数不准问题，实现了水位位置高精度检测。

传感器上的水位测针和丝杆的滑动铜块固定在一起，由步进电机的正反转驱动丝杆转动，从而带动滑动铜块和水位测针上下滑动。刚开机复位上电时，滑动铜块一直往上移动；当碰到上限开关时，滑动铜块开始往下移动；当水位测针接触水面时，水位信号处理电路输出高电平；当水位探针脱离水面时，水位信号处理电路输出低电平。单片机处理器由水位探针及处理电路送来的信号确定探针是否接触水面，从而控制电机正反转动，找到水面位置。读取此时计数器的计数值，即可得到液位的相对位置值。其工作流程如图 3.25 所示。

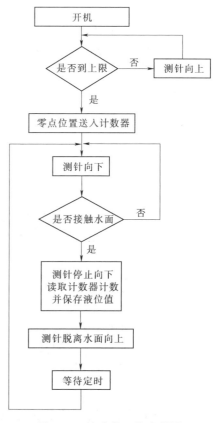

图 3.25　水位仪工作流程图

3.6.1.2 JS-C 型水位仪硬件设计

JS-C 型数字水位仪由 AT89C52MCU、LED 显示器、X5045 复位存储芯片、RS232/485 接口电路、水位信号处理电路、步进电机、步进电机驱动器、传感器、上下限位开关、开关电源等组成。其硬件框图见图 3.26。

3.6.1.3 JS-C 型水位仪优化设计

鄱阳湖湖区实体露天物理模型处于室外，现场环境恶劣，且常年饱受风雨侵袭，水位仪在这种状况下使用其可靠和稳定性需有较大的提高。为此，对水位仪在抗干扰、抗雷击、自恢复等方面进行了一些改进，主要有以下几点：

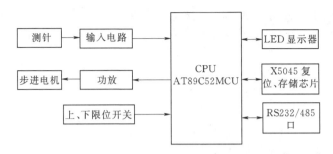

图 3.26　水位仪硬件框图

（1）水位仪采用传感器、控制电路一体化设计。水位计外罩设计时充分考虑野外露天环境状况，防风防雨，且水位仪内部与外部有一定的通透性，以防长期密闭，水位仪内部开关电源及控制电路板长期处于潮湿而发生短路现象。

（2）湖区模型露天基地处于空旷地带，常年易发生雷击事故。对此，水位仪的外壳采用不锈钢结构设计，对雷击具有很好的真空屏蔽性。此外，在输入电源及 RS485 接口处，加了 TVS 脚（瞬态抑制二极管），避免了因雷击而损坏仪器设备。

（3）水位仪控制电路中采用 X5045 芯片。X5045 是一种集上电复位、看门狗、电压监控和串行 EEPROM 四种功能于一身的可编程控制电路，它有助于简化单片机应用系统的结构，减少对电路板的空间需求，可缩小体积、增强功能、降低系统的成本，尤其是大大增加了系统的可靠性。控制电路采用 X5045 芯片后，通过上位机软件可远程设置水位计的零点基程，且设置的零点基程可掉电保存。

（4）在主板和电机驱动器之间，采用了光电隔离器，切断了部件之间的相互干扰。

（5）设计电路板时，加了较多大电容，且尽量加宽地线，使电源噪声减小，从而减小干扰。图 3.27

图 3.27　JS－C 型水位仪

为安装于湖区模型现场的一台 JS－C 型精密数字水位仪。

3.6.2　流速仪

八线智能流速仪（图 3.28）是以单片计算机为主处理器，配以 LCD 字符

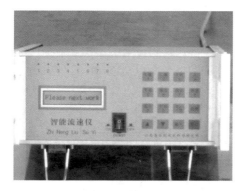

图 3.28　八线智能流速仪

显示模块、薄膜面板开关等先进技术而研制开发的一种适应性强、工作可靠的 8 个通道流速同步采集以及自动计算的测量仪器。其主要技术指标如下：

（1）同步测量通道数：1～8 通道任选。

（2）采样时间：1～99s 任意选定。

（3）环境温度：0～40℃。

（4）采样次数：1～10 任选。

（5）率定系数设置：$K = 0.01 \sim 99.99$，$C = 0.00 \sim 99.99$。

（6）采样信号频率：$\leqslant 1000\text{Hz}$。

3.7　尾门控制系统

模型尾门控制系统由跟踪式水位仪和尾门组成。改变尾门开度即可改变其泄水能力，使下游水位升高或降低，从而实现模型下游的水位控制。跟踪式水位仪测量长江口门下游水位，将实测到的水位数据传送给 1 号泵房测控计算机，计算机根据实测水位与期望值比较，通过 PID 计算出尾门的开度值，将信号输出给电动执行器控制尾门动作，改变其泄水能力，完成水位的自动控制。尾门控制系统原理见图 3.29。

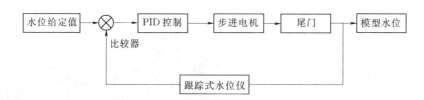

图 3.29　模型尾门水位控制原理框图

3.7.1　尾门选用

为保证模型尾水位过程的相似，需要选择合适的尾门型式。常见的自动控制尾门型式有格栅式横拉尾门和卧倒式翻板尾门两种。其中格栅式横拉尾门出水流量与格栅开孔呈线性关系，水位调节振荡较小、精度高、速度快。根据模型的现场安装条件及尾门控制的实际需求，长江口门尾门选用三段格栅式横拉尾门，每段尾门的有效长度为 2.5m。格栅尾门的开口高度和宽度根据最大水位、最小水位、最大流量等量计算，并留取一定余量，分别取 48cm，15cm。为适应露天环境，尾门采用不锈钢 304 材质加工。尾门布置及结构分别见图3.30、图3.31。

图 3.30　尾门布置图

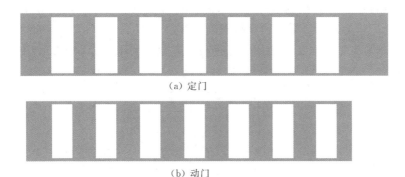

图 3.31　尾门结构图

图 3.32 是尾门控制系统完工后，现场尾门及尾门控制器。

（a）尾门现场

（b）尾门控制器

图 3.32　模型尾门

3.7.2　尾门控制

鄱阳湖模型有 9 个进水口门，1 个长江出水口门，模型水域面积大。试验

55

过程中采用普通 PID 调节模式，工况调节时间较长，尤其是对于非恒定流控制，则更是难以达到平衡稳定。

PID 控制过程中，当有较大幅度的扰动或大幅度改变给定值时，由于此时有较大的偏差，以及系统有惯性和滞后，故在积分项的作用下，往往会产生较大的超调量和长时间的波动。为此可以先采用积分分离措施，即偏差较大时，取消积分作用。综上所述，尾门水位控制系统首先采用 PD 控制，待水位逼近目标值时（试验过程中，长江尾门的水位偏差值根据试验经验取 1mm），再采用模糊自适应 PID 控制算法。

模糊自适应 PID 控制系统是在常规 PID 控制的基础上，以偏差 E 和偏差变化率 ΔE 作为输入，采用模糊推理确定参数 K_P，T_I，T_D，以满足不同时刻偏差 E 和偏差变化率 ΔE 对 PID 自我调整参数的要求。模糊 PID 控制框图见图 3.33。

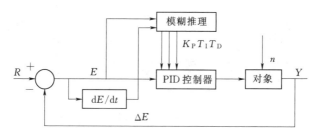

图 3.33　模糊 PID 控制框图

模糊推理的关键是找出 PID 3 个参数与 E 和 ΔE 的关系，运行中通过不断检测 E 和 ΔE，根据模糊控制原理对 3 个参数进行在线修改，以满足不同 E 和 ΔE 对控制参数的不同要求。

运行过程中，控制系统通过对模糊逻辑的结果处理、查表和运算，完成 PID 参数的在线自校正。其流程见图 3.34。

图 3.35 为某放水工况时，通过该控制策略，长江口门尾门采集实时水位数据而得到的控制曲线。从图中可以看出，采用 PD 控制＋模糊自适应 PID 控制，响应迅速，超调小，达到平衡的调节时间短。通过查看控制中心数据库记录表格，调节时间小于 30min，控制效果令人满意。

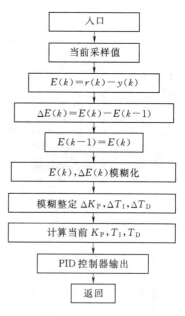

图 3.34　模糊运算工作流程图

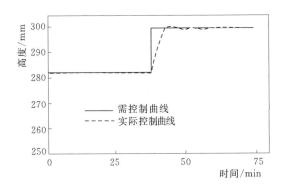

图 3.35　尾门水位控制曲线

3.8　就地控制系统

3.8.1　分控制中心

由于现场控制设备较多，信息传输距离较远，为现场控制及维修方便，模型 1～3 号泵房内设设有分控制中心，各控制中心配备嵌入式工控机、工业以太网服务器、嵌入式视频服务器等设备，可实现各控制中心管辖的试验数据采集、设备状态监视、试验区图像监控等功能。

为防止试验过程中的突然断电，导致试验数据的可能丢失，控制中心配备交流不间断电源 UPS，经对现场不能停电设备功率进行计算，选取 UPS 容量为 10kVA/30min。

为加强对现场重要测控设备及模型试验区的远程监控，在各控制中心总共设置 23 个前端监视点，采用带云台的一体式摄像 YD5409＋SCC-4205P，基本可实现对模型试验区的无死角监控，可大大减轻现场人员的工作量。

3.8.2　湖区控制设备

整个湖区模型共配备 29 台监控端子箱（尺寸为 500mm×350mm×800mm），主要负责现场的水位仪、流速仪、摄像头、云台等设备的电源供电以及通信传输。内设漏电空气开关、微开、插座、开关电源、温湿度控制器等固有设备，根据各端子箱现场设备的实际需要，额外配有以太网服务器 NPORT5650-8、工业用以太网集线器 MOXA EDS205A 以及智能模块 AD-AM4069（可实现现场水位仪的远程上电、断电控制）。监控箱系统见图 3.36。

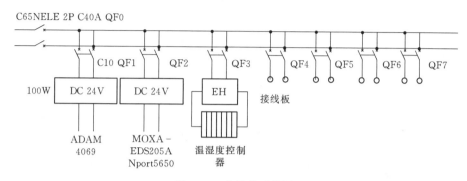

图 3.36　监控箱系统图

3.9　视频监控系统

为了加强对鄱阳湖模型试验研究基地重要设施信息的远程监控，在发生相关事件之后，能够迅速调阅存储录像，调查相关信息；同时当发生突发事件时，能够迅速地通过该监控网络获得当地实时监控图像，需要建立一套固定的视频监控网络。

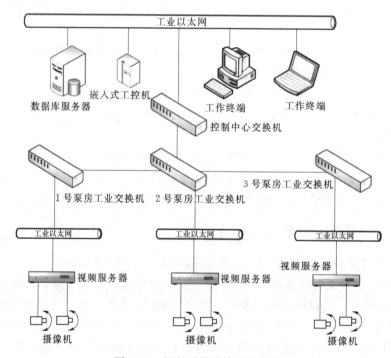

图 3.37　视频系统总体结构框图

视频监视系统由前端监视点分系统、信号传输分系统、控制及管理分系统组成。系统的技术实现采用模拟与数字相结合的方案。模拟技术主要应用于前端监视点设备、信号传输分系统中的模拟信号传输链路和控制及管理分系统中的数字硬盘录像机及其配套设备，数字技术主要应用于信号传输分系统中的光通信设备和控制及管理分系统中的 PC 工作站。

视频监控系统的总体结构见图 3.37。

整个视频监控系统总共设置 23 个前端监视点，采用带云台的一体式摄像 YD5409＋SCC－4205P，图 3.38 为安装于 1 号泵房尾门处的视频监控点。

图 3.38　尾门视频监控点

3.10　防雷接地系统

鄱阳湖模型测控系统设备种类多，数量大，且大多位于室外，工作环境恶劣，常年饱受雷雨侵袭。因此建立一套防雷系统，对有效预防雷害，确保和减少设备遭雷击损坏具有重要意义。

3.10.1　供电（电源）系统与信号防雷设计

电源系统采用三级雷电防护，将雷电总威胁值减到被保护设备的耐受能力范围内。其中第一级转移大部分能量，第二级转移剩余能量，第三级转移后续的极微小能量。

在测控中心机房总配电箱处并联安装三相电源防雷器，型号为 OBO V25－B/3＋NPE 三相四线 B 级 OBO 避雷器，作为第一级总电源的雷电防护。

机房 UPS 设备电源进线处及单相总控开处并联安装单相电源防雷器，型号为 OBO V25－B/1＋NPE 单相二线型 B 级 OBO 避雷器，作为第二级电源进线的雷电防护。

在重要设备前端（显示大屏、交换机等）串联安装专用防雷插座，作为第三级电源进线的雷电防护。

信号防雷主要是控制中心及各个泵房就地控制中心的计算机网络及综合布线系统的保护。凡是从室外来的信号线（如电信、网络进线）都应安装相应的避雷器。对内的局域网在每个需要作防感应雷过电压数字设备的接口处都要装相应的避雷器，对网络系统的计算机和数字设备、监控设备进行整体保护。

3.10.2 室外设备防雷

模型现场室外测控设备较多，主要有数字水位仪、尾门控制器、摄像头及云台控制器等。这些设备均必须设置防雷保护。

3.10.3 接地与屏蔽

3.10.3.1 泵房接地

3 个泵房屋面均设避雷带，并与建筑物钢筋混凝土基础内的钢筋焊接牢靠，作为防雷接地装置。根据联合接地的原则，3 个泵房内的配电柜焊接环形接地体并与泵房防雷地多点焊接连通，同时与工作地接通，重复接地点处的地线电阻应在 4Ω 以下。进入主配电室的电缆的金属护套和金属护管的两端必须就近接地或与地网焊接连通。

此外在 3 个泵房周围敷设环形接地体，与泵房接地网连通。

（1）水平接地体。采用 40×4 扁钢作水平接地体，可将扁钢埋于土壤中 1m 处，绕泵房一周埋设，与电气装置等共用接地体后，其接地电阻不应大于 4Ω。

（2）垂直接地体。采用角钢 5mm×5mm×100mm 作垂直接地体，可将角钢埋于土壤中 0.8m 处，绕建筑物 3m 处一周埋设，每个接地体的距离取为 5m。每两根角钢之间可通过采用 40×4 扁钢来进行焊接连接。

在土建基础工程完工未进行回填土之前，将扁钢接地体敷设好，并在与引下线连接处，引出一根扁钢，做好与引下线连接的准备工作。扁钢连接应焊接牢固，形成一个环形闭合的电气通路，实测接地电阻达到要求后，再进行回填土。泵房水平接地与垂直接地见图 3.39。

3.10.3.2 湖区设备接地

泵房湖区模型内布有数十台 JS-C 型精密水位仪和 20 几个就地控制柜以及视频监控设备，需将这些设备良好接地并与泵房的接地体连为一体，才能有效防止雷击损坏。

（1）湖区模型布设的所有仪器走线均采用镀锌钢管为外套管，且所有镀锌管道、控制柜外壳、视频杆全部焊接牢靠，组成一个环形接地体，在多点处与

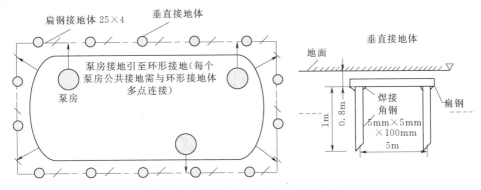

图 3.39 泵房水平接地与垂直接地体

泵房接地网连通。

（2）视频监控杆顶端加装一根避雷针，根据滚球法计算，避雷针的有效保护范围在 30°夹角内，所以避雷针的高度，均按照设备的安装位置计算出合理的高度。

（3）在带云台摄像机和球机的视频线、控制线与电源线处加装专用防雷器。防雷器安装在离被保护设备距离越近越好。

整个测控系统及防雷系统建设完工后，开展湖区模型试验，此时正值夏季，当地时常有雷雨，但所有测控设备均运行良好，未出现设备遭雷击损坏现象，表明系统防雷效果良好。

3.11 测控系统运行

鄱阳湖模型试验研究基地湖区模型测控系统自 2010 年 4 月开始动工，经过 2 年多的紧张建设，2012 年基本建成，具备试验条件。整个模型水沙测控系统包括测控中心实时数据采集及演示系统、模型河湖入口流量控制系统、模型尾门水位控制系统、模型水位流量自动采集系统、模型加沙系统、模型试验过程的视频动态监视系统以及大屏幕显示系统。

3.11.1 尾门水位控制

当设定一个尾门水位的期望值后，上位机主控软件根据实测水位值与期望值比较，通过 PID 控制计算出尾门的开度值，将信号输出给电动执行器控制尾门动作，改变其泄水能力完成水位的自动控制。下面通过模拟某一正弦曲线水位的变化，检测软件单步控制与 PID 控制对尾门水位的控制能力。将正弦曲线水位离散为 100 个水位值，每 30s 改变一个值，整个过程持续近 50min，现将控制情况绘制成图进行对比，详见图 3.40、图 3.41。

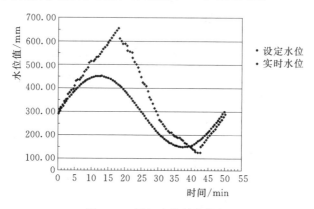

图 3.40　尾门水位单步控制

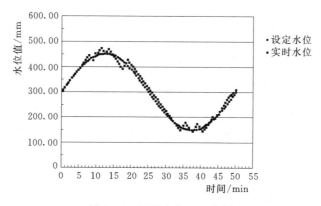

图 3.41　尾门水位 PID 控制

由图 3.40 与图 3.41 对比可见，采用手动单步控制在规定时间内不能完成既定水位的调节，实时水位与设定水位相差很大，特别是在正弦波波峰过后，最大相差几乎达到 250mm，这样无法满足试验精度要求。因此在进行非恒定流试验时，不宜采用手动单步控制。采用软件编程的 PID 控制除了波峰与波谷处有些偏离设定曲线之外，其余部分能较好地模拟设定的水位曲线，经过实际验证，能够满足试验要求。因此，在进行恒定流或非恒定流试验时，采用主控软件的尾门 PID 控制都是可行的。

3.11.2　系统运行问题及处理方法

在鄱阳湖定床模型试验运行过程中，整个测控系统运行较为正常，有时会出现个别问题，现将这些问题分别进行归纳：

（1）试验过程中，有时会出现水位计远控上电不工作。经排查，发现控制箱内的以太网交换机因工作环境恶劣，有时会有数据丢包情况，经更换交换机后，水位计运行正常。

（2）试验过程中，有时会出现水位计实时数据不能上传到控制中心。经排查，部分为水位计电路板通信模块损坏，部分为控制箱内水位计通信线路接触不好，经更换水位计和将通信线路重新连接后，水位计数据上传正常。

（3）试验过程中，有时会出现上位机不能远程控制。经排查，为下位机控制软件因长期开启工作不正常，重新启动下位机软件后，系统运行正常。

3.11.3　系统运行结论

鄱阳湖模型试验研究基地湖区模型水沙测控系统，经过对系统硬件设备、软件、使用环境、测控设备的连接、网络、运行检查等一系列的验证，以及 5 个月的连续试运行，水位计、电磁流量计、变频器等测控设备运行性能及运行参数稳定、可靠，能够满足鄱阳湖模型定床试验的量测精度和成果质量。由此表明，鄱阳湖模型测控系统整体运行稳定、可靠，基本达到既定目标要求。

第 4 章

鄱阳湖物理模型定床相似关键技术研究

实体模型试验作为预测河流演变的一种工程技术手段，随着河流开发利用和研究深入而被广泛采用，其技术发展必然越来越受到重视。从相似论的基本要求出发，河工模型以满足几何相似做成正态为好，这将为模型与原型的动力相似提供重要前提。但有些情况下，由于受诸如试验场地面积、建造模型工作量、供水系统流量、模型垂直比尺（不能过大，即模型水深不能过小）及试验成本等因素的制约只好将模型做成变态。河床阻力相似是河工模型模拟的关键问题之一。实体模型为了满足模型与原型阻力相似，模型河床必须达到一定粗糙程度，而普通的水泥床面往往达不到需要的粗糙度，因此需要人工加糙。对于变态实体模型，其阻力系数与原型相比，应按变率加大，变率越大模型越需加糙。

为初步确定鄱阳湖模型的加糙方式，需通过矩形水槽分别进行不同加糙体的加糙对比试验，进行不同的糙体尺寸、排列方式、水深组合试验，研究各因素对水流阻力特性的影响，最终确定模型采用的加糙方案。

4.1　试验加糙体类型及布置

4.1.1　加糙体类型

实体模型制作一般采用水泥抹面，往往不能满足模型阻力相似要求，为此模型经常采用各种人工加糙体进行加糙，以满足阻力相似。例如，长江中下游河道糙率一般为 0.02，而水泥抹面的糙率约 0.012，加糙成为实体模型试验必不可少的步骤。实体模型加糙方法有多种，比较常规的方法有碎石、卵石等加糙，然而这种加糙体尺寸相对较大，甚至超过滩地水深。对于这种加糙体许多学者提出质疑。尤其是非恒定流试验，必须考虑滩地等区域的槽蓄作用，过大的加糙体明显减少模型的槽蓄量。为了解决上述问题，前人做了大量研究，并提出了不同加糙方法，如对加糙体采用不同排列方式：交错排列、梅花形排列；应用各种各样的加糙体：碎石、卵石、混凝土立方体、角铁、橡皮条、塑料管、铁丝等。除梅花形排列碎石加糙有系统的研究成果外，其他加糙体的加糙方式往往根据具体验证试验进行调整，阻力计算与流速分布特性尚无系统研究。

鄱阳湖实体模型的平面比尺 $\lambda_l = 500$，垂直比尺 $\lambda_h = 50$，变率 $\eta = 10$。鄱阳湖具有"高水是湖，低水是河"的特点，对于这种大变态的湖泊型实体模型，如何满足河床阻力相似是实体模型模拟的关键问题之一。因此，合理选择加糙体并认识加糙体的阻力特性，对于鄱阳湖湖区实体模型模拟精度有着非常重要的意义。

为了研究不同加糙体的加糙效果，选择三类不同加糙体进行试验研究。

（1）Y形加糙体。Y形加糙体是用塑料通过磨具加工制成，由三块薄板组成，形如字母"Y"。河工模型水深（h）变化范围较大，而加糙体应尽量满足体型小和一定相对尺度（如 $h/\Delta > 4$，Δ 为加糙体高度）的要求，选定如下尺寸的Y形加糙体作为研究对象：单个板的长度（b）为 1.2cm，高度（Δ）为 1cm，厚度（c）为 0.2cm，各板之间的夹角均为 120°，图 4.1 为 Y 形加糙体的平面图和剖面图。

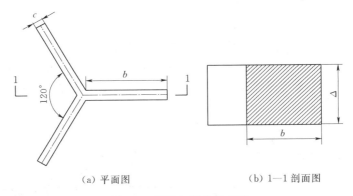

(a) 平面图　　　　　　　　　　(b) 1—1 剖面图

图 4.1　Y 形加糙体示意图

（2）砾石。选用砾石的等容粒径（d）为 1.75～2.12cm。

（3）塑料草。因为湖区模型要求较大的糙率，常规的加糙方法难以满足，所以引入了塑料植物加糙方法。选用的塑料植物高约 3cm。

4.1.2　加糙体布置方式

模型加糙的方式有多种，如密实加糙、梅花形加糙等。不同加糙方式对水流结构的影响不同，其最终反映的底板糙率也有很大的差别。根据前人研究结果，梅花形加糙方式效果最好，Y 形加糙体和塑料草均采用梅花形加糙方式，加糙体用 AB 胶粘贴于槽底，采用梅花形布置，如图 4.2 所示。梅花形四周糙体间距均为 L。

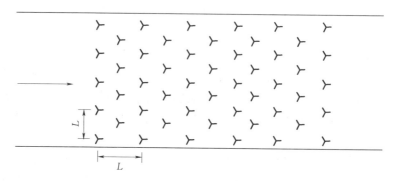

图 4.2　梅花形加糙布置方式示意图

4.2　试验水槽及测量仪器

4.2.1　试验水槽

1. 定坡水槽

多功能水槽的主要技术特征指标见图 4.3。水槽全长 35m，有效工作段长 32m；有效进水截面（宽×高）为 800mm×1000mm；单块玻璃长度大于等于 3600mm，水槽平整度误差不超过±0.5mm；最大供给流量为 0.6m³/s，水流双向流动。

图 4.3　多功能水槽

为尽可能减少进出水口对本试验的影响，保证水流平稳过渡，进口段长7m，出口段长7m，试验段（加糙段）长18m。试验水槽示意图见图4.4。槽底、边壁均为玻璃。

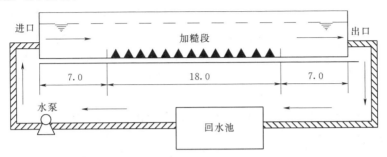

图 4.4　试验水槽示意图（单位：m）

2. 偏 V 形水槽

水槽长24m，宽2.5m，水泥砂浆抹面，底坡为2/1000；水槽断面为长江中下游某一典型断面的深槽部分，水槽进口段长7m，出口段长5m，试验段长12m。见图4.5和表4.1。

图 4.5　偏 V 形水槽断面示意图

表 4.1　　　　　　　　偏 V 形水槽断面的起点距和高程

起点距/m	2.18	2.23	2.34	2.58	2.66	3.73	2.83	2.93	3.16	3.43	3.49
高程/cm	38.00	37.40	34.00	33.00	32.00	30.00	27.00	25.00	20.00	15.00	14.00
起点距/m	3.59	3.66	3.75	4.01	4.05	4.08	4.10	4.13	4.16	4.18	4.24
高程/cm	13.00	12.00	10.00	4.00	10.00	15.00	20.00	25.00	30.00	32.00	38.00

4.2.2　测量仪器

1. 水位

采用武汉大学电子信息学院研发的 WEL-Ⅱ 模型水位仪（图4.6）自动控制水槽水位。通过水槽边壁的水位孔获取水位信息，用测针直接测读水位值。加糙试验段布置两个测针（加糙段入口和出口各一个），来观测一定流量下加糙体对加糙段水位的影响，借以确定水面比降。设 X 坐标方向沿水槽水流方向为正，Y 沿槽宽顺水流方向从右到左为正，Z 方向平行于水槽边壁（垂直于水面）向上为正。

2. 流速

采用美国 SonTek 公司研制的声学多普勒流速仪（Acoustic Doppler Velocimeter，ADV）进行垂线流速测量（图 4.7 和图 4.8）。该仪器为非接触式流速仪，对所测的取样点没有直接干扰或干扰很小，可直接测量三维流速，具有对水流扰动小、测量精度高、无须率定、操作简便等特点，并具有强大的数据后处理平台 Win ADV，可方便实现与 Excel、Ultra Edit 等数据处理软件的对接。流速仪的采样频率为 25Hz，每个测点持续测速 30s，可得到 750 个数据，系统自动求得平均流速。

图 4.6　WEL-Ⅱ模型水位仪

图 4.7　声学多普勒流速仪（ADV）

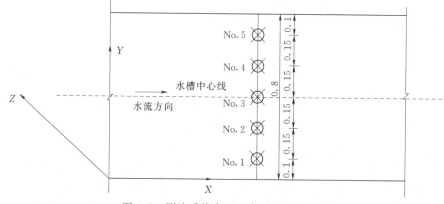

图 4.8　测流垂线布置示意图（单位：m）

4.3　试验结果及分析

4.3.1　计算方法

明渠水力阻力计算是明渠水力学最基本的问题，尼古拉兹应用人工黏沙试验建立了管道水力阻力计算标准，蔡克士大类似的明渠阻力试验奠定了明渠水力阻力计算的基础。James C. Bathurst 等根据相对淹没度 h/Δ（水深 h 与糙体高 Δ 之比）的不同，将糙体分为三类：①大尺度糙体，$\dfrac{h}{\Delta} \leqslant 4$；②中等尺度糙体，$4 < \dfrac{h}{\Delta} \leqslant 15$；③小尺度糙体，$\dfrac{h}{\Delta} > 15$。

各类糙体水力阻力特性存在着很大的差别，小尺度糙体遵循半对数阻力规律，而大尺度糙体更适合幂级数阻力规律。对于非密布加糙，糙体的形状、尺寸及排列对水流结构影响很大，阻力规律比密布加糙更为复杂。

1. 边壁糙率的率定计算

因为水槽对于部分试验组次并非宽浅明渠，所以要考虑水槽边壁对加糙底板的糙率的影响。先通过预备试验，率定水槽玻璃边壁的糙率。利用爱因斯坦水力半径分割法和姜国干能坡分割法，分别计算水槽的玻璃边壁糙率，再结合有关文献综合确定本水槽边壁糙率。

在阻力平方区，利用曼宁公式计算综合糙率：

$$n = \frac{R^{2/3} J^{1/2}}{u} \tag{4.1}$$

式中　n——糙率系数；

　　　R——水力半径，m；

　　　J——水力坡降；

　　　u——断面平均流速，m/s。

爱因斯坦水力半径分割法公式：

$$n_m = \left(\frac{\chi n^{1.5} - 2h n_b^{1.5}}{B} \right)^{2/3} \tag{4.2}$$

姜国干能坡分割法公式：

$$n_m = \left(\frac{\chi n^2 - 2h n_b^2}{B} \right)^{1/2} \tag{4.3}$$

式中　n_m——槽底糙率，为书写方便，后面关于水槽的 n 即为 n_m；

　　　n_b——槽壁即玻璃的糙率系数；

　　　n——综合糙率，即式（4.1）计算出来的值；

　　　χ——湿周；

　　　h——水深。

由表 4.2 可以看出，水槽边壁糙率为 0.0086～0.0098。依据水槽试验成果，本水槽边壁糙率最终选用为 0.009。

表 4.2　　　　　　　　　　　　预 备 试 验 记 录 表

组次	水深 /cm	流速 /(m/s)	水力半径 /m	坡降 /‰	综合糙率	边壁糙率	
						爱因斯坦法	姜国干法
1	12	0.19	0.0923	0.0694	0.0090	0.0087	0.0087
	14	0.26	0.1037	0.1111	0.0090		
2	20	0.32	0.1333	0.0972	0.0080	0.0099	0.0098
	25	0.32	0.1538	0.0833	0.0082		
3	12	0.21	0.0923	0.097	0.0090	0.0086	0.0086
	30	0.43	0.1714	0.1319	0.0089		

2. 糙率的计算

根据 Fathi - Maghadam 和 Kouwen 的研究，床面阻力主要是受植物糙率的影响而不是底板表面摩阻力的影响，所以本书采用爱因斯坦水力半径分割法公式（4.2）和姜国干能坡分割法公式（4.3）分别计算水槽底板上的 n_m，然后取平均值 $\overline{n_m}$ 并把它作为加糙体的糙率。

阻力系数采用糙率与阻力系数关系式计算：

$$f = \frac{8gn^2}{R^{1/3}} \qquad (4.4)$$

4.3.2　Y 形加糙体玻璃水槽试验结果和分析

4.3.2.1　试验结果

试验首先在定坡水槽中进行了 Y 形糙体加糙试验。试验主要水力要素测量数据和糙率及阻力系数计算结果列于表 4.3。

表 4.3　　　　　　　　玻璃水槽 Y 形体加糙试验结果表

加糙间距 L/cm	水深 h/cm	水力半径 R/m	平均流速 u/(m/s)	坡降 J	雷诺数 Re	糙率 n	阻力系数 f
5	8.0	0.063	0.067	0.00022	3739	0.041	0.326
5	10.0	0.075	0.064	0.00011	4202	0.035	0.230
5	10.0	0.075	0.090	0.00025	5950	0.037	0.250
5	10.3	0.076	0.147	0.00055	9870	0.034	0.218
5	15.0	0.100	0.070	0.00008	6120	0.036	0.219
5	15.0	0.100	0.087	0.00012	7648	0.035	0.203
5	15.2	0.101	0.179	0.00044	15797	0.032	0.177
5	15.0	0.100	0.188	0.00046	16502	0.031	0.165

续表

加糙间距 L/cm	水深 h/cm	水力半径 R/m	平均流速 u/(m/s)	坡降 J	雷诺数 Re	糙率 n	阻力系数 f
5	15.0	0.100	0.221	0.00064	19456	0.031	0.164
5	20.0	0.120	0.094	0.00010	9960	0.035	0.192
5	20.0	0.120	0.167	0.00024	17564	0.030	0.146
5	20.0	0.120	0.179	0.00029	18888	0.031	0.151
5	20.1	0.120	0.213	0.00036	22502	0.029	0.136
5	20.0	0.120	0.242	0.00046	25542	0.029	0.130
5	20.0	0.120	0.283	0.00065	29842	0.029	0.136
5	24.9	0.136	0.116	0.00010	13848	0.033	0.166
5	25.0	0.136	0.246	0.00036	29425	0.029	0.125
5	25.0	0.136	0.401	0.00096	47927	0.029	0.126
10	5.0	0.043	0.064	0.00025	2408	0.033	0.249
10	10.0	0.075	0.080	0.00017	5268	0.035	0.225
10	10.0	0.075	0.144	0.00036	9482	0.027	0.140
10	15.0	0.100	0.160	0.00023	14047	0.026	0.113
10	15.0	0.100	0.210	0.00040	18437	0.026	0.111
10	15.0	0.100	0.250	0.00060	21949	0.026	0.118
10	20.2	0.121	0.224	0.00029	23741	0.024	0.094
10	20.2	0.121	0.273	0.00041	28934	0.024	0.090
10	20.2	0.121	0.332	0.00058	35187	0.023	0.086
15	5.0	0.043	0.069	0.00017	2596	0.025	0.139
15	5.0	0.043	0.102	0.00029	3838	0.022	0.109
15	5.0	0.043	0.137	0.00043	5155	0.020	0.091
15	10.0	0.075	0.127	0.00018	8363	0.022	0.090
15	10.0	0.075	0.172	0.00030	11326	0.021	0.079
15	10.0	0.075	0.217	0.00042	14289	0.019	0.070
15	15.0	0.100	0.174	0.00017	15277	0.019	0.064
15	15.0	0.100	0.211	0.00024	18525	0.020	0.064
15	15.0	0.100	0.268	0.00035	23529	0.018	0.056
15	20.2	0.121	0.237	0.00021	25118	0.019	0.058

续表

加糙间距 L/cm	水深 h/cm	水力半径 R/m	平均流速 u/(m/s)	坡降 J	雷诺数 Re	糙率 n	阻力系数 f
15	20.2	0.121	0.284	0.00030	30100	0.019	0.057
15	20.2	0.121	0.321	0.00032	34021	0.017	0.047
20.0	5.0	0.043	0.067	0.00011	2521	0.021	0.100
20	5.0	0.043	0.105	0.00023	3951	0.019	0.081
20	5.0	0.043	0.139	0.00029	5230	0.016	0.058
20	10.0	0.075	0.137	0.00014	9021	0.018	0.057
20	10.0	0.075	0.202	0.00030	13301	0.018	0.058
20	10.0	0.075	0.231	0.00037	15211	0.017	0.054
20	15.0	0.100	0.177	0.00015	15540	0.018	0.055
20	15.0	0.100	0.233	0.00020	20457	0.016	0.041
20	15.0	0.100	0.278	0.00030	24407	0.016	0.043
20	20.4	0.121	0.222	0.00014	23667	0.016	0.043
20	20.4	0.121	0.289	0.00021	30810	0.015	0.037
20	20.4	0.121	0.313	0.00026	33369	0.016	0.040

4.3.2.2 阻力特性

图 4.9、图 4.10 为不同加糙距离 L 条件下糙率和阻力系数随水流雷诺数 Re 以及加糙间距 L 的变化情况。由表 4.3 和图 4.9 可以看出：在试验条件下糙率变化范围在 $0.015\sim0.04$ 之间，不同加糙间距所能达到的糙率值不同，间距 20cm 时糙率小于 0.021，间距 15cm 时糙率在 $0.017\sim0.023$ 之间，间距 10cm 的糙率在 $0.023\sim0.032$ 之间，间距 5cm 时糙率大于 0.028。图 4.10 中层流线是根据蔡克士大的研究成果所绘，即水流为层流时，阻力系数只随着雷诺数的变化而变化，两者的关系满足 $f=24/Re$。从图 4.10 可以看出，对于各种加糙间距，相同的雷诺数下 Y 形加糙体阻力系数均远远大于层流时的阻力系数，由此判定，每个试验组次的水流都已处于阻力平方区。在同一加糙间距下，随着雷诺数 Re 的增加床面的糙率 n 以及阻力系数 f 减小，n 和 f 看似是随着 Re 的变化在变化，其实是因为水深 h 增加，相对粗糙度在减小，从而 f 减小，如图 4.11 所示。

图 4.12 中为加糙间距不同时的数据点，同一相对淹没度对应的数据点取自试验中同一水深、流速基本相等、加糙间距不同时的数据点。图中相对淹没度为 10 的情况下：相对加糙间距从 4.2 变化到 8.3 时，阻力系数从 0.21 减小

到 0.14；相对间距从 8.3 变化到 12.5 时，阻力系数从 0.14 减小到 0.09；最后相对间距从 12.5 变化到 16.7，阻力系数只从 0.09 减小到 0.06。这说明：随着相对间距的均匀增加，阻力系数减小，但减小的幅度却越来越小，最后可能达到基本不变。其他相对淹没度时也有同样的变化规律。同时该图还表明：在同一相对加糙间距下，阻力系数随着淹没度的增大而减小，减小的幅度也是越来越小（图 4.12）。

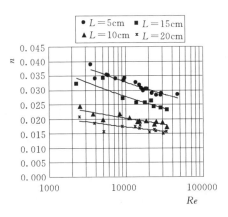

图 4.9 糙率（n）随雷诺数（Re）以及加糙间距 L 的变化

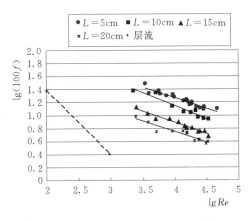

图 4.10 阻力系数（f）随雷诺数（Re）以及加糙间距 L 的变化

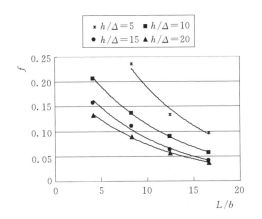

图 4.11 阻力系数（f）随相对间距（L/b）的变化

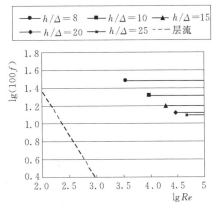

图 4.12 加糙间距（L）为 5cm 时，阻力系数（f）随雷诺数（Re）变化

由于本次试验研究的都是均匀紊流，因此没能得到在同一加糙间距、同一水深下的足够多的试验数据来绘出阻力平方区的 $f - Re$ 明确走势曲线，但可以画出粗略的走势图。加糙间距为 5cm 时的阻力平方区的 $f - Re$ 关系曲线见

图 4.12，图中的点为加糙间距为 5cm 时，相同水深组次中阻力系数 f 随着雷诺数 Re 的增加基本不变后的第一个数据点。由图 4.12 可以看出：阻力系数随着相对淹没度的增大而减小，但减小的幅度越来越小，最后趋向于定值；进入阻力平方区的最小雷诺数 Re 在 3300 左右；水流进入阻力平方区时的雷诺数随着相对淹没度的增大逐渐增大，增大的幅度也越来越小。

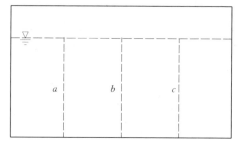

图 4.13　水槽测流断面图

4.3.2.3　流速分布

在试验过程中每个断面测了三条垂线上自水面向下 0.2 倍、0.4 倍、0.6 倍、0.8 倍水深以及水底的流速，图 4.13 为三条垂线的分布情况，图中 a、b、c 代表三次垂线流速测试位置。

图 4.14～图 4.22 显示的是水深 20cm、加糙间距 10cm、不同流量条件下流速沿垂线分布情况，图中编号为表 4.3 中的试验组次，拟合值是采用对数型公式拟合所得。

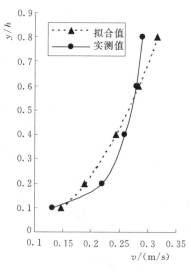

图 4.14　组次 25 号-a

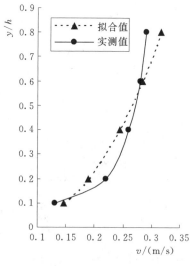

图 4.15　组次 25 号-b

从图 4.14～图 4.22 可以看出：用 Y 形糙体加糙时，当 $y/h < 0.2$ 时，实测流速梯度比拟合流速梯度大；而当 $y/h > 0.2$ 时，实测流速梯度小于拟合流速梯度。

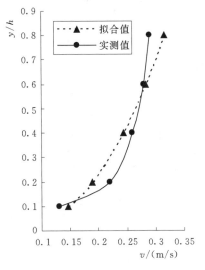

图 4.16　组次 25 号-c

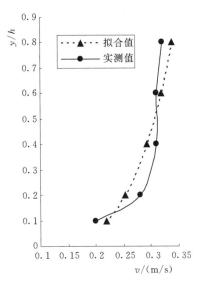

图 4.17　组次 26 号-a

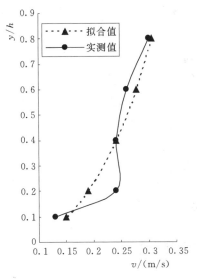

图 4.18　组次 26 号-b

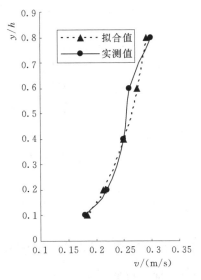

图 4.19　组次 26 号-c

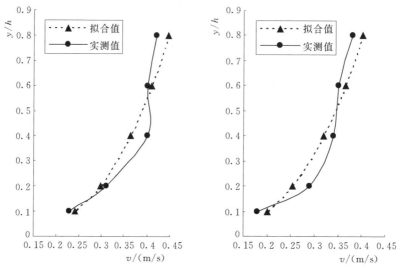

图 4.20 组次 27 号-a   图 4.21 组次 27 号-b

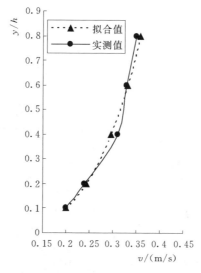

图 4.22 组次 27 号-c

4.3.3 砾石加糙体玻璃水槽试验结果和分析

4.3.3.1 试验结果

矩形玻璃水槽砾石加糙试验所选用砾石等容粒径（d）为 1.75～2.12cm。砾石加糙试验的布置方法同 Y 形糙体加糙试验。试验主要水力要素测量数据和糙率及阻力系数计算结果列于表 4.4。

表 4.4 玻璃水槽砾石加糙试验结果表

加糙间距 L/cm	水深 h/cm	水力半径 R/m	平均流速 u/(m/s)	坡降 J	雷诺数 Re	糙率 n	阻力系数 f
5	8.0	0.056	0.076	0.00026	3778	0.035	0.250
5	8.0	0.056	0.112	0.00041	5545	0.030	0.182
5	10.0	0.069	0.113	0.00027	6860	0.029	0.156
5	10.0	0.069	0.154	0.00045	9273	0.027	0.137
5	15.1	0.095	0.118	0.00016	9887	0.028	0.130
5	15.1	0.095	0.161	0.00026	13440	0.026	0.115
5	15.0	0.095	0.201	0.00039	16761	0.025	0.111
5	15.0	0.095	0.221	0.00048	18446	0.026	0.112
5	20.1	0.116	0.209	0.00031	21308	0.026	0.111
5	20.1	0.116	0.251	0.00042	25598	0.026	0.105
5	20.0	0.116	0.293	0.00057	29923	0.025	0.103
5	20.1	0.116	0.338	0.00073	34557	0.025	0.099
5	25.1	0.133	0.125	0.00011	14657	0.030	0.141
5	25.1	0.133	0.249	0.00032	29188	0.026	0.101
5	25.1	0.133	0.400	0.00077	46925	0.025	0.095
10	5.1	0.040	0.068	0.00019	2425	0.026	0.155
10	5.0	0.040	0.101	0.00037	3539	0.024	0.135
10	10.0	0.073	0.104	0.00015	6634	0.024	0.111
10	10.0	0.073	0.135	0.00022	8637	0.022	0.094
10	10.0	0.072	0.189	0.00042	12050	0.022	0.089
10	15.0	0.098	0.151	0.00017	13068	0.022	0.085
10	15.1	0.098	0.190	0.00023	16465	0.021	0.075
10	15.1	0.099	0.211	0.00030	18263	0.022	0.078
10	15.1	0.098	0.254	0.00043	21959	0.021	0.078
10	20.0	0.118	0.202	0.00022	21010	0.023	0.085
10	20.1	0.119	0.247	0.00030	25827	0.022	0.078
10	20.0	0.118	0.292	0.00040	30308	0.022	0.074
10	20.1	0.119	0.335	0.00054	34907	0.022	0.075
15	5.0	0.042	0.070	0.00014	2553	0.022	0.106
15	5.0	0.041	0.113	0.00031	4090	0.020	0.092
15	10.0	0.074	0.114	0.00012	7371	0.020	0.074

续表

加糙间距 L/cm	水深 h/cm	水力半径 R/m	平均流速 $u/(\mathrm{m/s})$	坡降 J	雷诺数 Re	糙率 n	阻力系数 f
15	10.1	0.075	0.151	0.00019	9893	0.019	0.065
15	10.0	0.074	0.207	0.00034	13391	0.018	0.060
15	15.0	0.099	0.123	0.00009	10679	0.020	0.069
15	15.0	0.099	0.157	0.00014	13646	0.020	0.067
15	15.0	0.099	0.216	0.00025	18785	0.019	0.061
15	20.0	0.119	0.203	0.00015	21240	0.019	0.058
15	20.1	0.119	0.242	0.00020	25410	0.018	0.052
15	20.1	0.120	0.289	0.00028	30343	0.018	0.051
15	20.0	0.119	0.339	0.00035	35577	0.017	0.044
20	5.0	0.042	0.067	0.00011	2461	0.020	0.092
20	5.0	0.042	0.111	0.00025	4090	0.018	0.076
20	5.0	0.042	0.149	0.00041	5510	0.018	0.072
20	10.0	0.074	0.109	0.00010	7062	0.018	0.063
20	10.0	0.074	0.142	0.00015	9261	0.017	0.056
20	10.1	0.075	0.195	0.00025	12801	0.016	0.050
20	14.9	0.099	0.086	0.00005	7475	0.021	0.076
20	15.0	0.099	0.153	0.00011	13308	0.018	0.053
20	15.0	0.099	0.197	0.00017	17192	0.017	0.051
20	15.1	0.100	0.184	0.00013	16142	0.016	0.044
20	15.0	0.099	0.217	0.00020	18929	0.017	0.047
20	20.1	0.120	0.208	0.00014	21917	0.017	0.048
20	20.0	0.120	0.243	0.00020	25511	0.018	0.052
20	20.1	0.120	0.289	0.00026	30400	0.017	0.047
20	20.0	0.120	0.339	0.00035	35670	0.017	0.045

4.3.3.2　阻力特性

图 4.23、图 4.24 为不同加糙距离 L 条件下糙率和阻力系数随水流雷诺数 Re 以及加糙间距 L 的变化情况。砾石的以上参数间的变化规律与 Y 形糙体基本相同，只是在糙率和阻力系数数值上有所减小。试验条件下糙率系数变化范围在 $0.017\sim0.03$ 之间。不同加糙间距所能达到的糙率系数值有所不同，间距

20cm 时糙率系数小于 0.020，间距 15cm 糙率系数在 0.017～0.022 之间，间距 10cm 糙率系数在 0.022～0.026 之间，间距 5cm 时糙率系数大于 0.025。图 4.24 中层流线是根据蔡克士大的研究成果所绘，即水流为层流时，阻力系数只随着雷诺数的变化而变化，两者的关系满足 $f = 24/Re$。从图 4.24 可以看出，对于各种加糙间距，相同的雷诺数下砾石加糙后阻力系数均远远大于层流时的阻力系数，由此判定，每个试验组次的水流都已处于阻力平方区；在同一加糙间距下，随着雷诺数 Re 的增加床面的糙率 n 以及阻力系数 f 减小，n 和 f 看似是随着 Re 的变化在变化，其实是因为水深 h 增加，相对粗糙度在减小，从而 f 减小，见图 4.25。

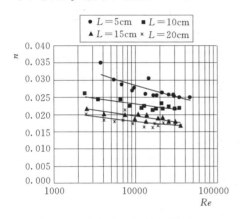

图 4.23　糙率（n）随雷诺数（Re）以及加糙间距的变化

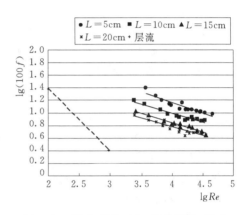

图 4.24　阻力系数（f）随雷诺数（Re）以及加糙间距的变化

图 4.25 为阻力系数随着相对加糙间距（L/b）的变化关系图。图 4.25 中同一相对淹没度对应的数据点取自试验中同一水深，流速基本相等，加糙间距不同时的数据点。图中相对淹没度为 10 的情况下：相对加糙间距从 4.2 变化到 8.3 时，阻力系数从 0.14 减小到 0.09；相对间距从 8.3 变化到 12.5 时，阻力系数从 0.09 减小到 0.07；最后相对间距从 12.5 变化到 16.7，阻力系数只从 0.07 减小到 0.06。这说明随着相对

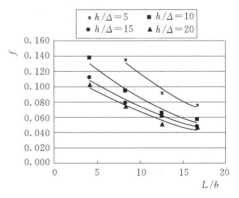

图 4.25　阻力系数（f）随相对加糙间距（L/b）的变化

间距的均匀增加，阻力系数减小，但减小的幅度越来越小，最后可能达到基

79

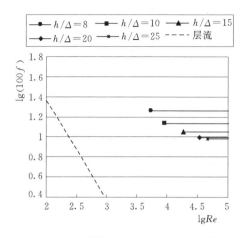

图 4.26 加糙间距为 5cm 时阻力系数
（f）随雷诺数（Re）变化

本不变。其他相对淹没度时也有同样的变化规律。同时该图还表明：在同一相对加糙间距下，阻力系数随着淹没度的增大而减小，减小的幅度也是越来越小。

由于本试验研究的是均匀恒流，因此没能得到在同一加糙间距同一水深下的足够多的试验数据，来绘出阻力平方区的 $f-Re$ 明确走势曲线，但可以画出粗略的走势图，加糙间距为 5cm 时的阻力平方区的 $f-Re$ 关系曲线见图 4.26。图 4.26 中的点为加糙间距为 5cm 时，相同水深组次中阻力系数 f 随着雷诺数 Re 的增加基本不变后的第一个数据点。由图 4.26 可以看出：阻力系数随着相对淹没度的增大而减小，但减小的幅度越来越小，最后趋向于定值；进入阻力平方区的最小雷诺数在 5300 左右；水流进入阻力平方区时的雷诺数随着相对淹没度的增大而逐渐增大，增大的幅度也越来越小。

4.3.3.3 流速分布

图 4.27～图 4.29 显示的是水深 20cm、加糙体间距 10cm、对应表 4.4 中第 28 号组次流量下的流速沿垂线分布情况。

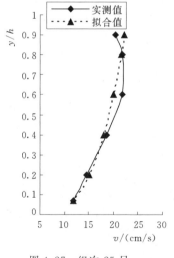

图 4.27 组次 25 号-a

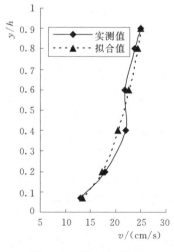

图 4.28 组次 25 号-b

从图中可以看出，使用砾石加糙后，流速的垂线分布基本符合对数分布规律。砾石加糙对流速垂线分布影响不大。

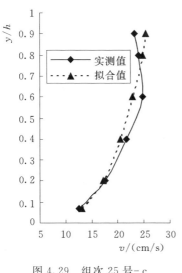

图 4.29　组次 25 号-c

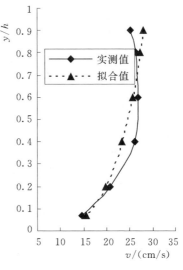

图 4.30　组次 26 号-a

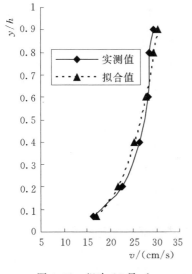

图 4.31　组次 26 号-b

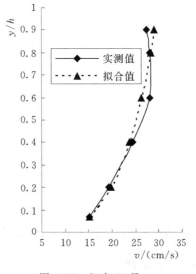

图 4.32　组次 26 号-c

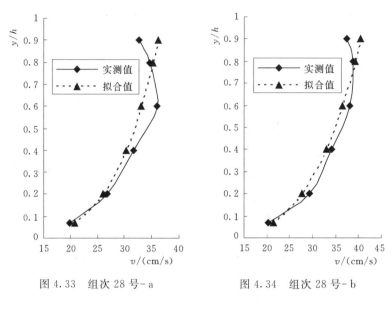

图 4.33 组次 28 号 - a   图 4.34 组次 28 号 - b

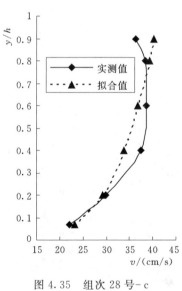

图 4.35 组次 28 号 - c

4.3.4 偏 V 形水槽 Y 形加糙体加糙试验结果和分析

4.3.4.1 试验结果

在偏 V 形断面水槽中先后进行了有无 Y 形加糙体的两组试验。试验主要水力要素测量数据和糙率及阻力系数计算结果列于表 4.5。

表 4.5 偏 V 形断面水槽试验结果表

加糙间距 L/cm	最大水深 h/cm	水力半径 R/m	平均流速 u/(m/s)	坡降 J	雷诺数 Re	糙率 n	阻力系数 f
未加糙	19.99	0.082	0.169	0.000038	10601	0.0122	0.025
未加糙	20.11	0.083	0.219	0.000124	13958	0.0132	0.029
未加糙	20.24	0.084	0.270	0.000142	17306	0.0122	0.025
未加糙	20.38	0.085	0.316	0.000205	20588	0.0123	0.025
未加糙	19.93	0.084	0.431	0.000405	27687	0.0126	0.027
未加糙	25.27	0.107	0.161	0.000048	13186	0.0130	0.026
未加糙	25.44	0.109	0.211	0.000071	17588	0.0122	0.023
未加糙	25.41	0.111	0.264	0.000091	22325	0.0124	0.024
未加糙	24.91	0.112	0.328	0.000142	28164	0.0121	0.022
未加糙	25.06	0.114	0.377	0.000166	32842	0.0124	0.023
未加糙	24.97	0.116	0.431	0.000232	38223	0.0125	0.024
未加糙	34.37	0.143	0.157	0.000035	17144	0.0129	0.024
未加糙	34.11	0.141	0.212	0.000048	22957	0.0125	0.022
未加糙	34.02	0.141	0.267	0.000073	28751	0.0122	0.021
未加糙	34.35	0.143	0.313	0.000095	34211	0.0126	0.023
未加糙	34.42	0.144	0.363	0.000119	39842	0.0128	0.023
未加糙	33.98	0.141	0.425	0.000157	45914	0.0128	0.024
10	20.20	0.085	0.159	0.00032	10292	0.0218	0.085
10	19.86	0.085	0.212	0.00059	13703	0.0221	0.088
10	20.00	0.087	0.251	0.00089	16743	0.0234	0.097
10	20.13	0.090	0.287	0.00116	19699	0.0237	0.099
10	19.99	0.091	0.327	0.00147	22705	0.0237	0.098
10	19.99	0.093	0.360	0.00176	25518	0.0238	0.098
10	24.89	0.107	0.162	0.00027	13306	0.0230	0.087
10	24.99	0.109	0.210	0.00045	17545	0.0231	0.088
10	24.97	0.111	0.257	0.00068	21788	0.0233	0.089
10	24.95	0.112	0.301	0.00092	25898	0.0234	0.089
10	24.96	0.114	0.343	0.00117	29917	0.0234	0.089
10	24.94	0.116	0.382	0.00146	33862	0.0238	0.091

加糙间距 L/cm	最大水深 h/cm	水力半径 R/m	平均流速 u/(m/s)	坡降 J	雷诺数 Re	糙率 n	阻力系数 f
10	33.99	0.141	0.159	0.00017	17223	0.0221	0.074
10	34.14	0.143	0.208	0.00028	22797	0.0219	0.072
10	34.00	0.143	0.259	0.00044	28483	0.0221	0.073
10	33.94	0.144	0.308	0.00063	33895	0.0225	0.075
10	34.06	0.145	0.350	0.00083	38931	0.0227	0.077
10	34.01	0.131	0.394	0.00107	39621	0.0215	0.071
10	34.00	0.126	0.433	0.00134	41877	0.0213	0.071

4.3.4.2　阻力特性

图 4.36、图 4.37 分别为未加糙以及 Y 形加糙体加糙间距 10cm 时的糙率和阻力系数随水流雷诺数 Re 的变化情况。由图 4.36 可以看出两种情况下的糙

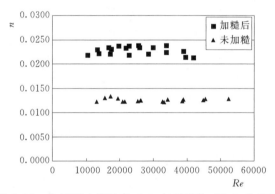

图 4.36　偏 V 形水槽糙率（n）与雷诺数（Re）关系图

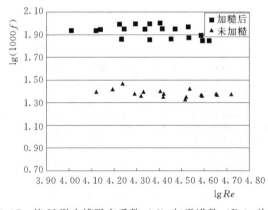

图 4.37　偏 V 形水槽阻力系数（f）与雷诺数（Re）关系图

率变化范围以及变化趋势。未加糙时，糙率变化范围在 0.0012～0.013 之间，随着 Re 的增加，糙率基本不变；加糙情况下，糙率变化范围在 0.021～0.024 之间，随着 Re 的增加，糙率变化也很小。

图 4.38 为 Y 形加糙体加糙间距 10cm 时的糙率随雷诺数的变化情况。由图 4.38 可以看出水深增加，糙率有稍微减小的趋势，但无明显的变化。未加糙时的这种变化更加微小。未加糙与加糙两种情况下糙率相差较大，但变化趋势相同，即随雷诺数的变化糙率基本不变，随水深的增加有稍微减小的趋势，但变化很小。

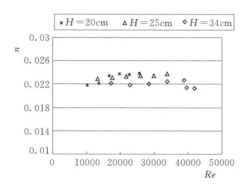

图 4.38　偏 V 形水槽加糙后糙率（n）与雷诺数（Re）关系图

4.3.4.3　流速分布

图 4.39 为偏 V 形水槽测流断面示意图，图中 $a \sim m$ 代表横断面上设置的 13 条垂线流速测试位置，各测点起点距见表 4.6。最大断面水深为 20cm 和 25cm 时试验施测了 $b \sim i$ 位置的垂线流速，分别测得了自水面向下相对水深 0.2、0.6、0.8 处的流速，用 3 点法计算了垂线平均流速。最大断面水深为 34cm 时的试验施测了点 $a \sim m$ 位置的垂线流速，在加糙情况下测得了自水面向下相对水深 0、0.2、0.4、0.6、0.8、1.0 处的流速，未加糙情况下测了 0.2、0.4、0.6、0.8、1.0 处的流速，用三点法计算了各垂线平均流速。横断面平均流速用过流断面面积加权法计算。试验共选取了两个横断面作为施测断面，即距起始断面 12m 和 20m 的两个断面（以下简称 12 断面、20 断面），见图 4.40。

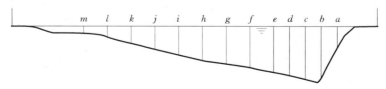

图 4.39　偏 V 形水槽测流断面图

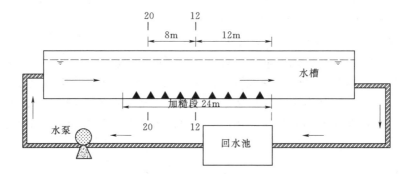

图 4.40   偏 V 形水槽测量断面布置示意图

表 4.6 偏 V 形水槽测流点的起点距

测　点	a	b	c	d	e	f	g
起点距/m	4.131	4.031	3.931	3.831	3.731	3.581	3.431

测　点	h	i	j	k	l	m
起点距/m	3.281	3.131	2.981	2.831	2.681	2.531

图 4.41～图 4.52 显示的是水深 34cm、加糙前后不同流量条件下，12 断面靠近水槽的主流区 c 垂线上的流速分布情况，图名中的编号为表 4.5 中的试验组次，图中拟合值是用对数型公式拟合的结果。

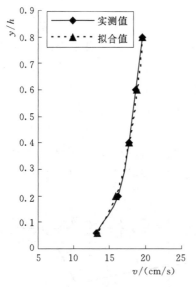

图 4.41   组次 12 号-c

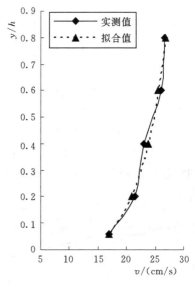

图 4.42   组次 13 号-c

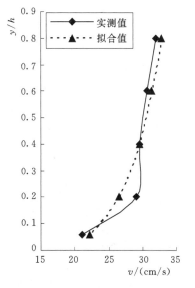

图 4.43　组次 14 号 - c

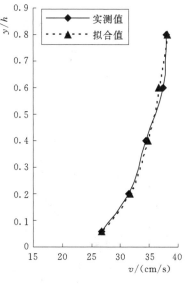

图 4.44　组次 15 号 - c

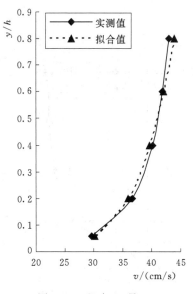

图 4.45　组次 16 号 - c

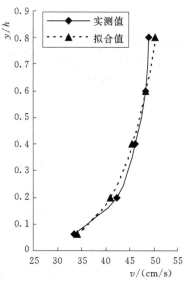

图 4.46　组次 17 号 - c

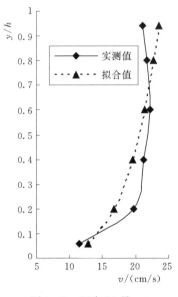

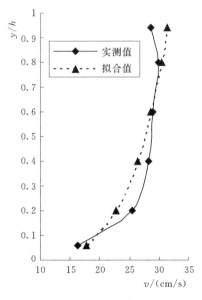

图 4.47　组次 30 号-c　　　　　　图 4.48　组次 31 号-c

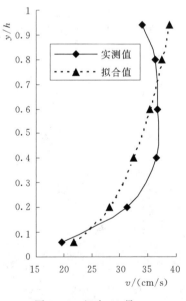

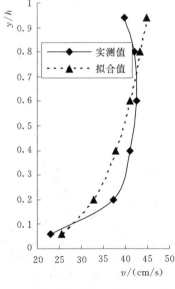

图 4.49　组次 32 号-c　　　　　　图 4.50　组次 33 号-c

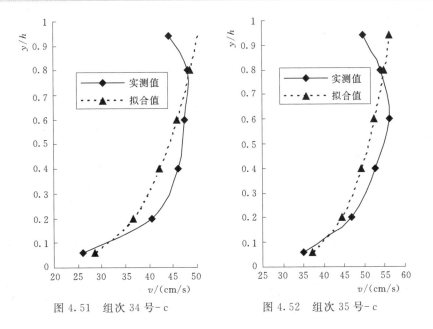

图 4.51　组次 34 号-c　　　　　　图 4.52　组次 35 号-c

　　图 4.41～图 4.46 为未加糙情况不同流量条件时的流速分布情况，从图中可以看出，实测垂线流速分布与对数拟合的垂线流速分布符合较好。

　　加糙后的垂线流速分布见图 4.47～图 4.52。从图中可以看出，加糙后，最大流速不在水面附近，而是在 0.5～0.9 倍水深之间。随着断面平均流速增大，最大流速位置从靠近自由水面向中间水深处变化的趋势。这说明加糙对流速沿垂线分布有一定的影响。

　　图 4.53～图 4.58 所绘的分别是未加糙和 Y 形糙体加糙间距 10cm、断面最大水深 34cm、不同流量条件下 12 和 20 断面垂线平均流速沿水槽的横向分

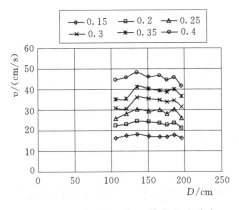

图 4.53　未加糙 12 断面横向流速分布

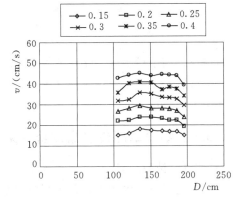

图 4.54　未加糙 20 断面横向流速分布

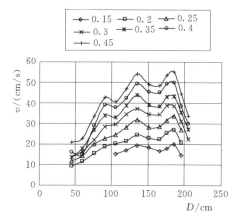

图 4.55　加糙 12 断面横向流速分布

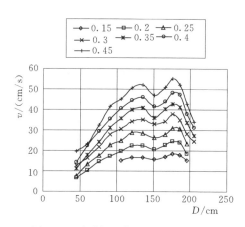

图 4.56　加糙 20 断面横向流速分布

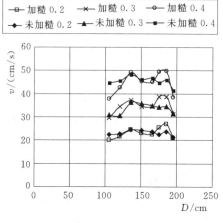

图 4.57　加糙前后 12 断面横向
流速分布对比

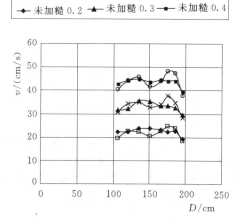

图 4.58　加糙前后 20 断面横向
流速分布对比

布情况，图中横坐标为实际水槽左起点距（D）。对比加糙前后流速横向分布结果可以看出，加糙后主流区流速增加，即靠近深槽区域流速增大，靠近边滩区域流速减小。

4.3.5　塑料草加糙水槽试验结果和分析

4.3.5.1　试验结果

首先在玻璃水槽中进行了塑料草加糙试验。试验主要水力要素测量数据和糙率及阻力系数计算结果列于表 4.7。

表 4.7   水槽塑料草加糙试验结果表

间距 L/cm	水深 h_0/cm	水力半径 R/m	平均流速 u/(m/s)	能坡 J/‰	雷诺数 Re	糙率 n	阻力系数 f
5	15	0.109	0.068	0.103	10099	0.040	0.268
5	15	0.109	0.168	0.582	24950	0.039	0.247
5	15	0.109	0.299	1.601	44406	0.036	0.213
5	20	0.133	0.140	0.439	27723	0.052	0.416
5	30	0.171	0.069	0.276	20495	0.043	0.257
5	30	0.171	0.159	0.340	47228	0.042	0.245

4.3.5.2 阻力特性

图 4.59、图 4.60 分别为塑料草加糙间距 5cm 时的糙率和阻力系数随水流雷诺数 Re 的变化情况。由图 4.59 可以看出：加糙情况下，糙率变化范围在 0.036～0.052 之间，随着 Re 的增加，糙率随之减小；图 4.60 中粉红色线是根据蔡克士大的研究成果所绘，即水流为层流时，阻力系数只随着雷诺数的变化而变化，两者的关系满足 $f=24/Re$。从图 4.60 可以看出，相同的雷诺数下塑料草阻力系数均远远大于层流时的阻力系数，由此判定，每个试验组次的水流都已处于阻力平方区。随着雷诺数 Re 的增加床面的糙率 n 以及阻力系数 f 减小，n 和 f 看似是随着 Re 的变化在变化，其实是因为水深 h 增加，相对粗糙度在减小，从而 f 减小。

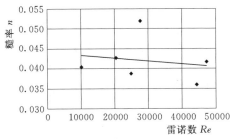

图 4.59　加糙间距 L 为 5cm 时，
糙率 n 随雷诺数 Re 的变化

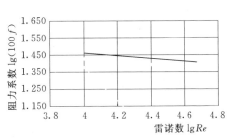

图 4.60　加糙间距 L 为 5cm 时，
阻力系数 f 随雷诺数 Re 的变化

4.3.5.3 流速分布

图 4.61～图 4.66 显示的是加糙间距 5cm、不同流量与水深条件下流速沿垂线分布情况，图中 12-15-5 代表流量为 12L/s、水深为 15cm、加糙间距为 5cm 的试验组次，下同。在试验过程中每个断面测了五条垂线上流速。

从图中可以看出，用塑料草加糙，当水深小于 30cm 时，实测流速呈指数分布；而当水深小于 30cm 时，实测流速呈对数分布。

4.3.5.4 紊动强度分布

从图 4.67～图 4.72 可以看出，用塑料草加糙时，紊动强度呈斜 Z 形分布；

当水深变深（＞15cm）时，斜 Z 形发生变形，但始终在 5cm 水深附近存在两个转折点。

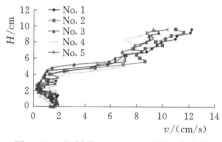

图 4.61 塑料草 12－15－5 流速分布图

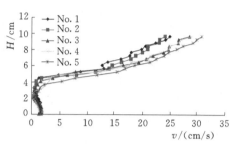

图 4.62 塑料草 25－15－5 流速分布图

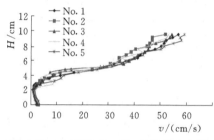

图 4.63 塑料草 40－15－5 流速分布图

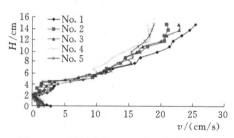

图 4.64 塑料草 25－20－5 流速分布图

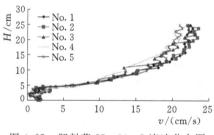

图 4.65 塑料草 25－30－5 流速分布图

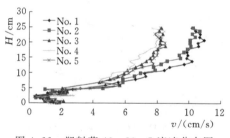

图 4.66 塑料草 40－30－5 流速分布图

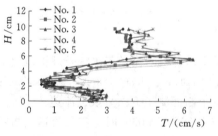

图 4.67 塑料草 12L/s－15cm
紊动强度分布

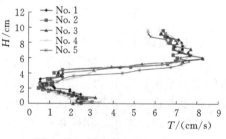

图 4.68 塑料草 25L/s－15cm
紊动强度分布

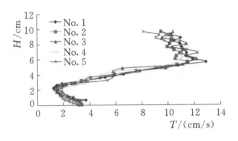

图 4.69 塑料草 40L/s - 15cm
紊动强度分布

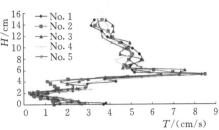

图 4.70 塑料草 25L/s - 20cm
紊动强度分布

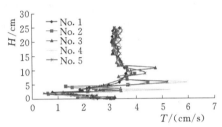

图 4.71 塑料草 25L/s - 30cm
紊动强度分布

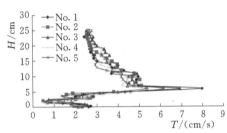

图 4.72 塑料草 40L/s - 30cm
紊动强度分布

4.4 水槽试验结论

（1）Y 形加糙体矩形水槽试验研究表明，梅花形加糙间距为 5cm 时，加糙后糙率最大可以增加到 0.041；加糙后糙率随着加糙体间距的增加而减小；同一加糙体间距条件下，随着雷诺数的增加，阻力系数减小，最后达到基本不变；加糙后流速沿垂线分布基本符合对数分布规律；与拟合的对数流速分布相比，底部（$y/h < 0.2$）流速梯度增加。

（2）砾石糙体矩形水槽试验研究表明，梅花形加糙间距为 5cm 时，加糙后阻力最大可达到 0.035；与 Y 形糙体类似，即加糙后糙率随着加糙体间距的增加而减小；同一加糙体间距条件下，随着雷诺数的增加，阻力系数减小，最后达到基本不变；加糙后流速沿垂线分布基本符合对数分布规律；与拟合的对数流速分布相比，底部（$y/h < 0.2$）流速梯度增加。

（3）偏 V 形水槽未加糙时，糙率在 0.012~0.013 之间。随着 Re 的增加，糙率基本不变；不同水深，糙率也基本相同。

（4）Y 形加糙体偏 V 形水槽试验研究表明，加糙体间距为 10cm 时，糙率变化范围在 0.021~0.024 之间，能够满足模型加糙要求。随着 Re 的增加，糙率变化很小，水深增加，糙率有稍微减小；未加糙时，流速沿垂线分布与对数公式拟合效果符合较好，加糙后，流速沿垂线分布与对数公式拟合结果存在一定的差异，即加糙对于流速沿垂线分布存在着一定的影响。对比加糙前后流速沿断面横向分布结果可知，加糙后主流区流速增加，靠近边滩区域流速减小。

（5）塑料草加糙水槽试验研究表明，梅花形加糙间距为 5cm 时，加糙后糙率最大可以增加到 0.05；同一加糙体间距条件下，随着雷诺数的增加，阻力系数减小，最后达到基本不变。

（6）塑料草加糙后流速沿垂线分布在水深小于 30cm 时，实测流速基本上呈指数分布；而当水深小于 30cm 时，实测流速基本上呈对数分布。用塑料草加糙时，紊动强度呈斜 Z 形分布；当水深变深（大于 15cm）时，斜 Z 形发生变形，但始终在 5cm 水深附近存在两个转折点。

第 5 章

鄱阳湖物理模型定床相似验证

鄱阳湖模型包括长江段、入江水道、湖区及入湖尾闾，实现整个模型的阻力相似，是技术难点之一，也是模型模拟结果准确与否，提供试验成果是否真实可信的基础。为此，在正式试验前，对鄱阳湖模型糙率值必须通过验证试验来检验和调整，以保证试验成果的可靠性。

定床模型验证包括三个方面：一是水面线验证，二是断面流速分布验证，三是分流比验证。

5.1 水文测验成果

为顺利开展鄱阳湖入江水道及长江干流段定床模型验证试验研究，江西省水利科学研究院特委托江西省鄱阳湖水文局开展了两次水文原型测验任务。水文测验项目主要包括：大断面形态、水位、流速、流向、流量、悬移质含沙量、悬移质和床沙质泥沙颗粒级配等。此次鄱阳湖实体模型相似验证原型水文测验共布设断面 13 个，其中鄱阳湖入江水道 8 个，长江 5 个，测量断面位置详见图 5.1。

测验时间及断面布置：根据《鄱阳湖实体模型相似验证原型水文测验实施方案》和鄱阳湖、长江实时水情变化，鄱阳湖实体模型相似验证原型水文测验分别在 2011 年 11 月 13—19 日（枯水）、2012 年 5 月 11—18 日（22—24 日）（中水）实施两次监测。

2011 年 11 月 13—19 日实施第一次测验。11 月 13—15 日鄱阳湖入江水道断面水文要素施测期间，星子站平均水位 11.27m（水位为吴淞基面，本节下同），相应鄱阳湖湖体面积、容积分别为 836km² 和 14.4 亿 m³，水位日均涨率 0.23m，水势变化总体较平稳；11 月 17—19 日长江断面水文要素施测期间，九江站平均水位 12.11m，水位日均涨率为 −0.05m，水势变化平稳。

2012 年 5 月 11—24 日实施第二次测验。5 月 11—14 日鄱阳湖入江水道断

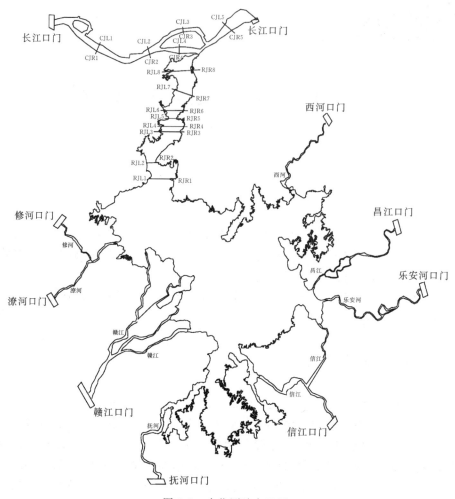

图 5.1 水位测验布置图

面水文要素施测期间，星子站平均水位 15.97m，相应鄱阳湖湖体面积、容积分别为 2930km² 和 84.3 亿 m³，水位日均涨率 0.11m，水势变化总体较平稳；5 月 22—24 日长江断面水文要素施测期间，九江站平均水位 17.56m，水位日均涨率为－0.06m，水势变化平稳。水位采用动态 GPS（RTK）测定，左右岸均施测水位，各断面同时刻水位（水面曲线），根据实测水位和上下游水文（水位）站涨率，按水文整编、计算规范推求取得。

5.2 验证依据

定床模型制作采用实测地形资料，由于鄱阳湖湖区缺乏近年实测地形资料，采用长江水文局 1998 年实测 1∶10000 鄱阳湖湖区地形图；长江干流河段采用长江水文局 2006 年实测 1∶10000 河道地形图。由于湖区与长江段采用的地形为不同时期资料，故本次定床模型验证将分为长江干流段和鄱阳湖入江水道段分别进行。

5.2.1 水面线验证依据

长江干流段水面线验证试验水文条件从长江干流 2006 年水文资料中选取，验证试验水文参数见表 5.1，2011 年 11 月 13—19 日（枯水）、2012 年 5 月 11—18 日（22—24 日）（中水）水文测验成果见表 5.2。

表 5.1　　　　2006 年长江段洪、中、枯水面线验证水文参数表

时 间	进口流量/(m³/s)		长江段尾门水位 /m
	长江	湖口	
2006 - 01 - 11	8710	1660	4.87
2006 - 05 - 11	19900	8510	10.28
2006 - 06 - 21	29900	13200	13.60

表 5.2　　　　2011—2012 年长江段、入江水道段水面线验证水文参数表

时 间	进口流量/(m³/s)		长江段尾门水位 /m
	长江	湖口	
2011 - 11 - 13—18	20271	2030	9.42
2012 - 05 - 12—24	34711	11761	14.92

鄱阳湖入江水道水面线验证试验水文条件拟从鄱阳湖区 1998—1999 年水文资料中选取，验证试验水文参数见表 5.3。

表 5.3　　　1998—1999 年入江水道洪、中、枯水面线验证试验水文参数表

时 间	万家埠 流量 /(m³/s)	外洲流量 /(m³/s)	李家渡 流量 /(m³/s)	梅港流量 /(m³/s)	虎山流量 /(m³/s)	渡峰坑 流量 /(m³/s)	湖口流量 /(m³/s)	长江流量 /(m³/s)	湖口水位 /m
1998 - 12 - 10	56	980	237	345	71	21	1710	10600	6.90
1999 - 05 - 09	264	4112	1149	2420	525	321	8790	22700	12.49
1999 - 09 - 10	264	5497	3880	2587	1106	267	13600	45600	18.06

注　"五河"入口流量经湖口流量进行修正。

验证试验过程中长江段的进口流量采用九江站实测流量，模型尾门水位采用湖口站与彭泽站同期实测水位按比降插值结果。

5.2.2　流速分布、分流比验证依据

流速分布验证、分流比采用 2011 年 11 月 13—18 日和 2012 年 5 月 11—24 日的水文测验成果，其中入江水道 RJ2、RJ3、RJ5、RJ7、RJ8 计 5 个，长江 CJ1—CJ5 计 5 个，水文测验测量断面示意位置详见图 5.1。其中 2011 年 11 月 13—18 日，长江干流流量为 20271m³/s，鄱阳湖入湖流量为 2030m³/s，长江尾门水位为 9.42m（黄海），左水道 CJ3 分流比为 40.1%，右水道 CJ4 分流比为 59.9%；；2012 年 5 月 11—24 日，长江干流流量为 34711m³/s，鄱阳湖入湖流量为 11761m³/s，长江尾门水位为 14.92m（黄海），左水道 CJ3 分流比为 43.1%，右水道 CJ4 分流比为 56.9%。验证试验水文参数见表 5.4。

表 5.4　　2011 年、2012 年流速分布验证、分流比验证水文参数表

时　　间	进口流量/(m³/s)		长江段尾门水位 /m
	长江	湖口	
2011 - 11 - 13—18	20271	2030	9.42
2012 - 05 - 12—24	34711	11761	14.92

5.3　鄱阳湖实体模型加糙方法

5.3.1　天然糙率值范围分析

糙率的大小对河流水位具有重要的影响，目前对糙率的平面分布处理还不成熟，大都采用河段综合糙率。根据实测流量、水位关系，分若干个流量级确定河床的综合糙率。长江干流武穴—彭泽河段枯水时河床综合糙率为 0.0216~0.023，洪水时河床综合糙率为 0.0170~0.0215，并且主槽与滩地的糙率略有不同，主槽平均糙率为 0.02~0.025，滩地平均糙率为 0.025~0.032；鄱阳湖湖区和入江水道段枯水期河床综合糙率约为 0.035，洪水期河床综合糙率约为 0.023；鄱阳湖入湖尾闾河段枯水期河床综合糙率为 0.0256~0.026，洪水期河床综合糙率为 0.0283~0.0285。

5.3.2　加糙的方法选择

模型与原型的水面线相似反映为两者综合阻力相似。河（湖）段阻力，主

要由河（湖）床阻力及河（湖）岸阻力组成，其中形态阻力占较大比重。为此，一方面在河（湖）床地形变化较大（如洲滩与位置较低河床连接处）的地段适当加密制模断面，另一方面对两岸护岸段尤其凸出岸段进行局部地形修改，以达到较精确模拟原河道地形。

结合水槽加糙试验成果、河工模型加糙实践经验和鄱阳湖湖区及长江武穴—彭泽河段的糙率，整个定床模型表面为刮糙的水泥砂浆粉面，其中长江段模型阻力的调整采用在模型表面黏呈梅花形排列的卵石加糙的方法，见图5.2；入江水道段高程小于9.00m滩地也采用此法，使模型与原型的水面线相似。而入江水道段深槽高程介于9.00～12.00m的滩地浅滩部分则采用密铺塑料草垫的方法加糙以达到湖床阻力相似的要求，见图5.3。

图5.2　长江段梅花形卵石加糙　　　图5.3　入江水道梅花形卵石与塑料草垫加糙

5.4　验证成果

5.4.1　水面线验证

长江干流段水面线验证成果见表5.5、表5.6，鄱阳湖入江水道段水面线验证成果见表5.7、表5.8。

表5.5　　　　　　　2006年长江段洪水、中水、枯水面线验证情况表

时　间	进口流量 /(m³/s)		长江段尾门 水位/m		水位/m					
					九江站			湖口站		
	长江	湖口	原型值	模型值	原型值	模型值	误差	原型值	模型值	误差
2006-01-11	8710	1660	4.87	4.87	6.61	6.64	0.03	5.69	5.71	0.02
2006-05-11	19900	8510	10.28	10.28	11.75	11.73	-0.02	11.21	11.2	-0.01
2006-06-21	29900	13200	13.60	13.60	15.01	14.96	-0.05	14.56	14.52	-0.04

表 5.6 2011 年、2012 年长江段水面线验证情况表

站 名	流 量 级					
	长江 $Q=20271\text{m}^3/\text{s}$,湖口 $Q=2031\text{m}^3/\text{s}$ (2011-11-13—18)			长江 $Q=34711\text{m}^3/\text{s}$,湖口 $Q=11761\text{m}^3/\text{s}$ (2012-05-12—24)		
	原型值/m	模型值/m	误差/m	原型值/m	模型值/m	误差/m
CJ1	10.81	10.77	−0.04	15.98	15.93	−0.05
CJ2	10.12	10.10	−0.02	15.69	15.65	−0.04
CJ3	9.95	9.97	0.02	15.42	15.43	0.01
CJ4	10.02	10.00	−0.02	15.55	15.52	−0.03
CJ5	9.42	9.42	0.00	14.92	14.92	0.00

表 5.7 1998—1999 年鄱阳湖入江水道段洪水、中水、枯水面线验证情况表

时 间	进口流量 /(m³/s)		湖口站控制 水位/m		水位/m					
					星子站			都昌站		
	长江	湖口	原型值	模型值	原型值	模型值	误差	原型值	模型值	误差
1998-12-10	10600	1710	6.90	6.89	7.54	7.56	0.02	9.14	9.18	0.04
1999-05-09	22700	8790	12.49	12.49	12.76	12.75	−0.01	13.01	13.06	0.05
1999-09-10	45600	13600	18.06	18.06	18.13	18.15	0.02	18.14	18.19	0.05

表 5.8 2011 年、2012 年入江水道段水面线验证情况表

站名 流量级	长江 $Q=20271\text{m}^3/\text{s}$,湖口 $Q=2031\text{m}^3/\text{s}$ (2011-11-13—18)			长江 $Q=34711\text{m}^3/\text{s}$,湖口 $Q=11761\text{m}^3/\text{s}$ (2012-05-12—24)		
	原型值/m	模型值/m	误差/m	原型值/m	模型值/m	误差/m
RJ1	9.66	9.71	0.05	14.24	14.28	0.04
RJ2	9.65	9.69	0.04	14.13	14.16	0.03
RJ3	9.64	9.68	0.04	13.95	13.97	0.02
RJ4 左水道	9.59	9.63	0.04	13.97	13.99	0.02
RJ4 右水道	9.64	9.65	0.01	13.86	13.85	−0.01
RJ5 左水道	9.61	9.64	0.03	13.93	13.94	0.01
RJ5 右水道	9.63	9.64	0.01	13.94	13.96	0.02
RJ6	9.62	9.64	0.02	14.05	14.07	0.02
RJ7	9.62	9.63	0.01	15.98	15.99	0.01
RJ8	9.60	9.61	0.01	15.69	15.70	0.01

验证试验结果表明,各站水位模型与原型误差一般为 ±0.05m,在模型允许误差范围内(模型允许的误差为 ±1mm,相当于原型值 0.05m),满足《河工模型试验规程》(SL 99—2012)要求,说明模型水面线与原型水面线基本一

致，满足模型与原型河床阻力的相似的要求。

5.4.2 流速分布验证

流速分布相似是水流运动相似的主要指标，是定床模型验证试验的重点内容之一。

分别对 2011 年 11 月 13—19 日（枯水）和 2012 年 5 月 11—24 日（中水）实测的 10 个水文断面的流速、流向进行验证。根据原型观测布置的要求，模型共布设 10 个测流断面作为本模型验证试验的测流断面。

图 5.4～图 5.7 和图 5.8～图 5.11 分别为枯水、中水验证流量下，模型与原型实测垂线平均流速横向分布的对比结果。由于模型制模地形与水文测验地形为不同时期的河道地形，导致模型的流速分布与原型有所偏差。各断面横向分布与原型实测资料基本一致，垂线平均流速的偏差在 ±0.37m/s 之内。

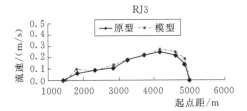

图 5.4 枯水流量 RJ3 断面流速分布

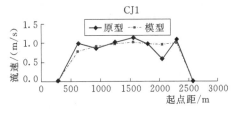

图 5.5 枯水流量 CJ1 断面流速分布

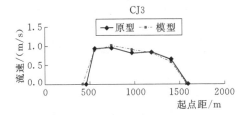

图 5.6 枯水流量 CJ3 断面流速分布

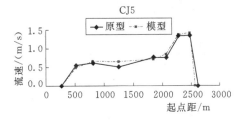

图 5.7 枯水流量 CJ5 断面流速分布

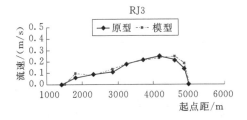

图 5.8 中水流量 RJ3 断面流速分布

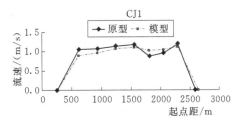

图 5.9 中水流量 CJ1 断面流速分布

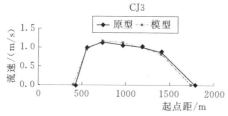

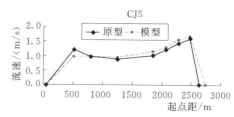

图 5.10　中水流量 CJ3 断面流速分布　　　图 5.11　中水流量 CJ5 断面流速分布

表 5.9~表 5.10、表 5.11、表 5.12 为枯水、中水流量下模型主流线位置变化表，从表中可以看出模型主流线与原型过流时相应河段实测主流线位置较为接近，除入江水道内个别断面因深泓摆动较大，主流最大偏差在 443m 左右外，其余断面主流位置基本一致。

表 5.9　　　　　　　　枯水流量下长江干流段主流线变化情况表

断面位置	断面编号	距离/km	主流线纵向位置/m		变化值
			原型	模型	
左水道	CJ1	0	1558	1558	0
	CJ2	40.14	1634	1634	0
	CJ3	70.98	739	739	0
	CJ5	106.38	2477	2477	0
右水道	CJ1	0	1558	1558	0
	CJ2	40.14	1634	1634	0
	CJ4	63.47	608	402	−206
	CJ5	97.45	2477	2477	0

注　"−"为偏右，"＋"为偏左。

表 5.10　　　　　　　　中水流量下长江干流段主流线变化情况表

断面位置	断面编号	距离/km	主流线纵向位置/m		变化值
			原型	模型	
左水道	CJ1	0	2290	2290	0
	CJ2	40.14	1503	1503	0
	CJ3	70.98	739	739	0
	CJ5	106.38	2477	2477	0
右水道	CJ1	0	2290	2290	0
	CJ2	40.14	1503	1503	0
	CJ4	63.47	608	799	−191
	CJ5	97.45	2477	2477	0

注　"−"为偏右，"＋"为偏左。

表 5.11　　　　枯水流量下鄱阳湖入江水道主流线变化情况表

断面编号	距离/km	主流线纵向位置/m		变化值
		原型	模型	
RJ2	29.98	3025	3025	0
RJ3	44.85	4178	4608	−430
RJ5	64.84	2746	2746	0
RJ7	76.08	1010	1010	0
RJ8	85.57	5882	5882	0

注　"−"为偏右，"+"为偏左。

表 5.12　　　　中水流量下鄱阳湖入江水道主流线变化情况表

断面编号	距离/km	主流线纵向位置/m		变化值
		原型	模型	
RJ2	29.98	2440	2746	−295
RJ3	44.85	3735	4178	−443
RJ5	64.84	2746	2615	+131
RJ7	76.08	1010	1010	0
RJ8	85.57	5425	5425	0

注　"−"为偏右，"+"为偏左。

5.4.3　分流比验证

枯水流量和中水流量下长江干流分流比见表 5.13、表 5.14。经模型实测断面流速计算，枯水流量下左水道 CJ3 分流比为 38.2%，右水道 CJ4 分流比为 61.8%；中水流量下左水道 CJ3 分流比为 45.3%，右水道 CJ4 分流比为 54.7%。与原型实测值相比，在模型试验允许误差范围以内，说明模型左、右水道的分流与原型基本相似。

表 5.13　　　　枯水流量下模型汊道分流比验证成果表　　　　　　　%

项　目	左水道 CJ3	右水道 CJ4
原型实测值	40.1	59.9
模型试验值	38.2	61.8

表 5.14　　　　中水流量下模型汊道分流比验证成果表　　　　　　　%

项　目	左水道 CJ3	右水道 CJ4
原型实测值	43.1	56.9
模型试验值	45.3	54.7

从表 5.13、表 5.14 中可以看出,整体上模型分流比与原型比较接近,最大误差为±2.2%,符合相关规范的误差要求。

综上所述,定床模型的验证试验表明,模型与原型在水面线、流速及汊道分流比等方面是基本相似的,满足了模型与原型水流运动相似的要求。

第6章

鄱阳湖物理模型动床选沙研究

6.1　鄱阳湖实体模型沙选择原则

鄱阳湖入湖悬移质多为细沙，且模型变率为 10，变率越大，为模型选沙带来的难度越大，模型沙相对密度越小。鄱阳湖实体模型沙选择考虑如下原则：

（1）特别轻的模型沙将使得河势变化迅速，试验周期大大缩短，可以避免模型沙太细带来的一系列问题。但另一方面，其河床冲淤时间与水流运动时间比尺的差异较大，对长模型或者长水沙系列而言，累计影响不容忽视甚至无法校正，不适宜作鄱阳湖实体模型的模型沙。

（2）如果原型沙较粗，则使用偏重的模型沙模拟相似性好。当原型粒径较小时，则重模型沙细颗粒问题就十分突出。这种具有黏性的细颗粒淤积后可能发生板结，故容重比粉煤灰更重的模型沙（如天然沙、陶粉、滑石粉、渠道淤泥等）不适合鄱阳湖实体模型采用。

（3）目前，鄱阳湖实体模型试验采用的是塑料沙，有待解决的突出问题是细颗粒含量不足，尤其是 0.01mm 以下的颗粒十分缺乏。这种细颗粒通过现在采用的水力分选法很难得到，通过机械加工获得细颗粒模型沙可能是一种有效途径。

6.2　模型沙的初步设计

模型沙的选择是泥沙实体模型设计中的一项关键技术，直接关系到模型的泥沙运动和河床变形相似性及模型试验成果的可靠性。为配合实体模型设计及实施，拟开展动床模型选沙试验研究工作，从国内外已有的模型沙选择比较适合鄱阳湖泥沙动床模型沙。模型选沙，对目前国内常用的几种模型沙，如塑料沙、木屑、粉煤灰、电木粉、核桃壳及煤粉（密度范围 1.05～2.2t/m³）进行模型比尺初步设计及综合分析比较，论证实体模型技术可行性，筛选现有的模型沙，为模型设计选沙提供选沙范围，初步确定容重为 1.15t/m³ 的浙江富阳市模型沙材料经营部加工生产的塑料沙为模型沙，干密度 $\rho = 0.60t/m³$，其基本满足模型设计的各项比尺相似条件，并进行沉速和起动流速试验。

6.3　悬移质及床沙质粒径比尺的设计

根据模型相似律的要求及试验场地条件，经反复权衡比较，确定了鄱阳湖实体模型水平比尺 $\lambda_l = 500$、垂直比尺 $\lambda_h = 50$、变率 $\eta = 10$。

试验研究鄱阳湖湖区床沙为中细沙，鄱阳湖来沙主要来自江西"五河"。随着水流强弱不同，这类泥沙的运动形式在悬移质与推移质间相互转化，因此仅考虑冲刷相似是不够的，必须考虑悬移质与推移质相似。根据原型湖区边界情况和来水来沙特点，进行浑水动床模型试验，试验中需同时模拟悬移质与推移质运动，才能较为准确地模拟鄱阳湖区泥沙运动规律。在模型设计中，基本相似条件有水流运动相似和泥沙运动相似。除弗氏数相似条件外，其他相似条件都含有粒径比尺，因此粒径比尺是动床模型设计的关键性比尺。由于各相似条件立论基础不一样，所得粒径比尺不一致，且它们又都与水流条件有关，而水流条件的两个比尺之间也不一致，错综复杂。如何正确、合理地确定粒径比尺是动床模型设计的重大难题，迄今对这一问题的研究还很不充分。本书在总结前人成果的基础上提出一种比尺的设计方法，为后续的模型选沙提供依据，并得到了水槽试验的验证。

6.3.1　水流运动相似（动态相似条件）

（1）弗氏数相似（重力相似）。

$$\lambda_u = \lambda_h^{1/2} \tag{6.1}$$

（2）阻力相似（阻力重力比相似）。

$$\lambda_u = \lambda_h^{2/3} / \lambda_n e^{1/2} \tag{6.2}$$

6.3.2　泥沙运动相似

（1）起动相似。

$$\lambda_{u_0} = \lambda_u \tag{6.3}$$

（2）泥沙悬移相似。

$$\lambda_w = \lambda_u / e^m \tag{6.4}$$

由泥沙扩散方程推导出的悬移质泥沙运动相似条件有两个：沉降相似和悬

浮相似。若按泥沙沉降相似，有

$$\lambda_{\omega} = \lambda_u \frac{\lambda_h}{\lambda_l} \tag{6.5}$$

若按泥沙悬浮相似，有

$$\lambda_{\omega} = \lambda_u \left(\frac{\lambda_h}{\lambda_l}\right)^{\frac{1}{2}} \tag{6.6}$$

式中 λ_u——平均流速比尺；

λ_h——平均水深比尺；

λ_n——糙率比尺；

e——模型变率，即比降比尺的倒数；

λ_{u_0}——起动流速比尺；

λ_{ω}——泥沙沉降速度比尺，指数 m 是原型泥沙悬浮指标的函数，变化区间为 （0.5，0.75），平均可取 0.63。

显而易见，对变态模型从这两个相似条件得到的结果是不能同时满足要求的，需做适当取舍。而鄱阳湖流域"五河"来沙多数是以淤积为主，因此重点考虑泥沙的悬浮相似。

鄱阳湖来沙主要来源于江西"五河"，以最大沙源赣江为例，原型河段的泥沙粒径其特征值（d_{50}）为 0.056mm。

6.3.3　起动流速 u_0 的确定

（1）原型沙起动流速 u_{0p}。目前大多数细沙起动流速公式缺少天然河流实测资料检验，原则上不能用于估算原型天然河流。如果有实测推移质输沙率与流速关系曲线，可将其顺势延长至输沙率接近为 0 的点，近似认为此点的流速就是起动流速；如果没有实测资料，李昌华和窦国仁根据经验都曾建议采用沙玉清公式估算，即

$$u_{0p} = 0.512 \sqrt{\frac{\gamma_s - \gamma}{\gamma}} [D^{3/4} + 2.5(0.7 - \varepsilon)^4 / D]^{1/2} h^{1/5} \tag{6.7}$$

式中 γ_s 及 γ——泥沙及水的容重；

D——泥沙粒径，mm；

ε——淤沙孔隙率，一般取 0.4；u_0、h 分别以 m/s、m 计。

天然河流的来水、来沙及床沙粒径都是变化的，因此无论用什么方法确定 u_0 也都是近似的。

（2）模型沙起动流速 u_{0m}。

1）模型沙无黏性可用沙漠夫公式估算，即

$$u_{0m} = 1.14 \sqrt{\frac{\gamma_s - \gamma}{\gamma} g d} \left(\frac{h}{d}\right)^{1/6} \tag{6.8}$$

模型沙有黏性可仍用式（6.7）。模型沙起动流速不仅与 γ_s 及 D 有关，而且还与材料的物理、化学性质有关，式（6.7）和式（6.8）仅能用于估算，最后还需要通过水槽试验进行确认。

2）悬移质模型设计：悬移质模型设计应同时满足式（6.1）～式（6.4）。根据张瑞瑾沉速公式可由式（6.4）反求出粒径比尺为

$$\lambda_d = 0.0179 \frac{d_p \omega_p}{\nu \lambda_\omega} \left\{ \left[1 + 121.6 \frac{\gamma_{sm} - \gamma}{\gamma} g \nu \left(\frac{\lambda_\omega}{\omega_p}\right)^3 \right]^{1/2} - 1 \right\} \tag{6.9}$$

3）原型沉速用沙玉清公式计算：当粒径等于或小于 0.062mm 时，采用斯托克斯公式计算：

$$\omega = \frac{g}{1800} \frac{\gamma_s - \gamma}{\gamma} \frac{d^2}{\nu} \tag{6.10}$$

当粒径为 0.062～2.0mm 时，采用沙玉清天然沙沉速公式计算：
过渡期：

$$(\lg s_a + 3.790)^2 + (\lg \varphi - 5.777)^2 = 39.0 \tag{6.11}$$

沉速判数：

$$s_a = \frac{\omega}{g^{1/3} \left(\frac{\rho_s}{\rho_w} - 1\right)^{1/3} \nu^{1/2}} \tag{6.12}$$

粒径判数：

$$\phi = \frac{g^{1/3} \left(\frac{\rho_s}{\rho_w} - 1\right)^{1/3} d}{\nu^{2/3}} \tag{6.13}$$

$$\nu = \frac{0.01775}{1 + 0.0337t + 0.000221t^2} \tag{6.14}$$

当粒径大于 2.0mm 时，采用沙玉清紊流区沉速公式计算：

$$\omega = 4.58 \sqrt{10d} \tag{6.15}$$

以上式中 ν——水的运动黏滞系数，cm^2/s；

   t——水温，℃；

   d——泥沙粒径，mm；

   ρ_s——泥沙密度，g/cm^3；

   ρ_w——清水密度，g/cm^3；

   ω——泥沙沉速，cm/s；

   g——重力加速度，cm/s^2。

沙玉清滞流区（$d<0.1\text{mm}$）的沉速公式为：$\omega=\dfrac{1}{24}\dfrac{\gamma_s-\gamma}{\gamma}g\dfrac{d^2}{\nu}$ (6.16)

絮流区（$d>2\text{mm}$）的沉速公式为：$\omega=1.14\sqrt{\dfrac{\gamma_s-\gamma}{\gamma}gd}$ (6.17)

因此，求出原型沙和模型沙起动流速比尺接近流速比尺，故模型选沙基本合理，最后模型沙起动流速还需要通过水槽试验进行确定。

6.4 模型沙沉降特性

模型沙粗粒径沉速采用长 130cm、管内径为 8cm 的玻璃沉降筒测定，粒径小于 0.10mm 时沉速采用沉降历时线法测定。对塑料合成沙（密度 1.15t/m³）模型沙进行沉降试验，试验成果见表 6.1。用张瑞瑾和斯托克斯公式计算沉速并与实测沉速值作对比可知，当 $Re_d\left(=\dfrac{\omega d}{\nu}\right)>1.0$ 时，斯托克斯公式计算值偏大，实测值与张瑞瑾公式计算值较接近；$Re_d<1.0$，粒径小于 0.20mm 时，张瑞瑾公式计算值偏小，斯托克斯公式计算值接近实测值。其中沉速公式如下：

斯托克斯公式：　　　　$\omega=\dfrac{1}{18}\dfrac{\gamma_s-\gamma}{\gamma}g\dfrac{d^2}{\nu}$ (6.18)

张瑞瑾公式：$\omega=\sqrt{\left(13.95\dfrac{\nu}{d}\right)^2+1.09\dfrac{\gamma_s-\gamma}{\gamma}gd}-13.95\dfrac{\nu}{d}$ (6.19)

表 6.1　　　　　　　　塑料沙（密度 1.15t/m³）沉速试验成果表

序号	粒径 d_{50} /mm	水温 t /℃	试验值	沉速/(cm/s)		雷诺数 Re_d
				张瑞瑾公式	斯托克斯公式	
1	0.063	20	0.03	0.023	0.032	0.020
2	0.12	20	0.121	0.082	0.117	0.140
3	0.21	20	0.361	0.248	0.359	0.519
4	0.28	20	0.415	0.430	0.638	1.201
5	0.41	20	0.86	0.855	1.369	3.496

6.5 模型塑料沙起动流速试验

6.5.1 试验设备

本试验在江西省水利科学研究院水工模型大厅固定玻璃水槽内进行。水槽长 25m、宽 50cm、高 50cm，水槽壁面为钢化玻璃拼接而成，在其接缝处涂上防水材料，保持整个壁面光滑平整。试验所用水槽见图 6.1：

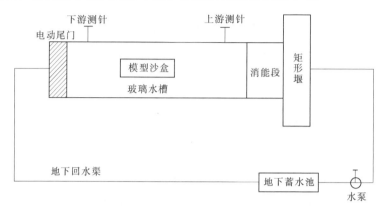

图 6.1　试验水槽平面布置图

水槽有效观测段长 2m，用强光照明设备观测泥沙起动情况；上下试验段安装有 4 个测针，测读水位。由直流电机驱动水泵通过循环系统为水槽供应试验用水，采用矩形堰控制流量。为了稳定进入水槽水流的流态，在水槽进口设有 1m 长的消能段。在玻璃水槽的尾部采用转向尾门调整水位。

流速采用江西省水利科学研究院自制的悬浆流速仪测定，其可以测量的流速范围为 3～120cm/s，模型沙运动情形用摄像机进行摄像。

6.5.2　试验步骤

试验前将模型沙浸泡过 5～7d 后充分搅拌，然后平铺于水槽内的试验段，再在水槽尾端注入清水，当水面高于床面 0.5～1.0cm 时，如果沙面出现凹凸变形，则轻轻将模型沙拍实、刮平。试验用水为自来水。

试验时，将尾门或流量调整到接近颗粒起动条件时，再微调尾门或流量，调节水位同时观察模型沙的起动情况。待水面稳定后，再判断泥沙运动情况。

当泥沙在某一水深达到相应起动状态时，读出相应水位，施测流速。测速断面设在试验段中间，布设三条垂线，每一垂线采用三点（0.2h、0.6h、0.8h）法测速，断面平均流速按一般水文方法计算。

每组同一粒径泥沙的各种起动状态，均做 6 个水深（5～30cm）。同时测定试验段的水面比降，并记录水温。

6.5.3　起动流速判别标准

泥沙的起动流速视沙粒的运动状态分为 4 个阶段观测，即个别动、少量动、大量动、扬动。

个别动——槽中纵向床面上有可数的颗粒开始断断续续移动,经过仔细寻找才能发现。

少量动——纵向床面上约有 20% 的泥沙在起动,其运动状态可以连续观测到,床面上单位面积内移动的颗粒是可数的。

大量动——床面颗粒几乎全部起动,其运动速度和连续性均比少量动增强,约占表层的 80%,床面上单位面积内移动的颗粒不可数。

扬动——床面上的大量颗粒呈带状形式运动,带状不停的向左右两边摆动,且有部分模型沙被扬起,升至水流中,随水流长距离运动,呈烟雾或浑浊状。

6.5.4 起动流速试验成果

试验中主要观测水槽进口 16m 处沙盒内泥沙颗粒的起动情况。本次试验选用了 5 组颗粒级配,其 d_{50} 分别为 0.063mm、0.12mm、0.21mm、0.28mm 和 0.41mm。

通过试验实测,获得的起动流速试验数据见表 6.2~表 6.6。

表 6.2 d_{50}＝0.063mm 泥沙的起动流速

水深 /cm	流速/(cm/s)			
	个别动	少量动	大量动	扬动
5.5	5.78	7.44	8.82	10.81
10.5	6.83	8.38	9.91	11.74
15.5	7.62	9.14	10.77	12.88
20.5	8.15	9.83	11.54	13.74
25.5	8.61	10.24	12.09	14.37
30.5	9.12	10.65	12.53	15.18

表 6.3 d_{50}＝0.12mm 泥沙的起动流速

水深 /cm	流速/(cm/s)			
	个别动	少量动	大量动	扬动
5.5	6.57	8.24	9.87	11.45
10.5	7.46	8.90	10.80	12.36
15.5	8.12	9.67	11.44	13.28
20.5	8.53	10.36	12.08	13.96
25.5	8.79	10.99	12.82	14.78
30.5	9.14	11.36	13.47	15.42

表 6.4　　　　　　　　　　　$d_{50}=0.21\text{mm}$ 泥沙的起动流速

水深 /cm	流速/(cm/s)			
	个别动	少量动	大量动	扬动
5.5	7.24	8.94	11.10	12.65
10.5	8.01	9.96	11.96	13.63
15.5	8.57	10.86	12.44	14.38
20.5	8.95	11.57	13.17	15.12
25.5	9.44	11.98	13.54	15.85
30.5	10.00	12.38	14.02	16.65

表 6.5　　　　　　　　　　　$d_{50}=0.28\text{mm}$ 泥沙的起动流速

水深 /cm	流速/(cm/s)			
	个别动	少量动	大量动	扬动
5.5	7.51	9.47	11.54	13.42
10.5	8.15	10.60	12.78	14.58
15.5	8.77	11.15	13.55	15.46
20.5	9.45	11.96	14.12	16.16
25.5	9.87	12.56	14.73	16.87
30.5	10.54	13.33	15.44	17.76

表 6.6　　　　　　　　　　　$d_{50}=0.41\text{mm}$ 泥沙的起动流速

水深 /cm	流速/(cm/s)			
	个别动	少量动	大量动	扬动
5.5	8.22	10.42	12.07	14.25
10.5	9.26	11.51	13.24	15.34
15.5	10.23	12.56	14.20	16.22
20.5	11.11	13.42	14.96	16.87
25.5	11.82	14.02	15.73	17.54
30.5	12.17	14.41	16.33	18.11

将数据计算分析整理后点绘出塑料沙的起动流速（个别动、少量动、大量动、扬动）与水深的关系曲线，见图 6.2。

6.5.5　起动流速公式的推导

1. 试验成果

现有研究资料表明，影响起动流速的主要因素包括泥沙颗粒粒径、泥沙容

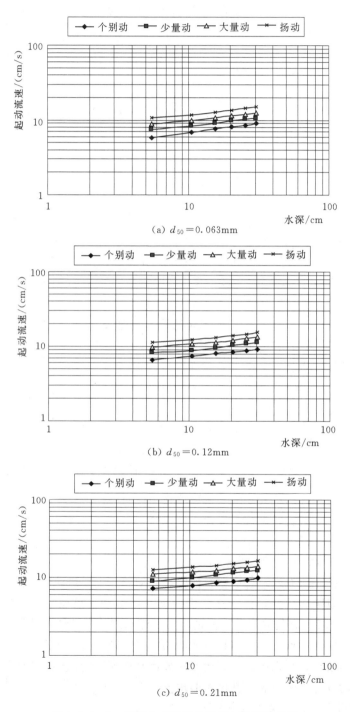

(a) $d_{50} = 0.063\text{mm}$

(b) $d_{50} = 0.12\text{mm}$

(c) $d_{50} = 0.21\text{mm}$

图 6.2 （一）　塑料合成沙起动流速与水深的关系

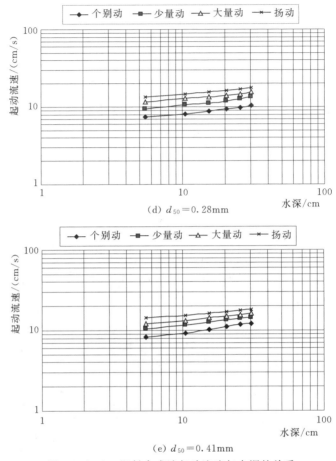

(d) $d_{50} = 0.28$mm

(e) $d_{50} = 0.41$mm

图 6.2（二） 塑料合成沙起动流速与水深的关系

重、孔隙率、水深以及泥沙的其他物理化学性质等。为便于观察起动流速变化规律，本书对现有资料进行了拟合，以粒径、水深为自变量，以少量动的流速为因变量。

2. 起动现象

水槽试验观测发现，合成塑料沙一旦起动后，主要运动形式是在床面上滚动，滚动一段距离后暂时停下来，而后又开始运动，呈现一个不连续间断过程，详见表6.7。究其原因，主要是床面附近水流的紊动性以及塑料合成沙颗粒受力不稳定性所致。由于塑料合成沙的圆度比同容重其他模型沙大，起动后所受的阻力较小，个别起动后的运动距离比其他模型沙长。对于较细的塑料合成沙，起动过程中仍能观察其聚团的现象。

3. 塑料合成沙起动流速公式

塑料合成沙各粒径组起动流速与水深关系见图6.2。从图6.2可以看出，其起

表 6.7　　　　　　　　　　合成塑料沙起动现象

粒径 /cm	个别动		少量动		普遍动	
	滚动距离 /cm	现象	滚动距离 /cm	现象	滚动距离 /cm	现象
0.052	难以观察	床面平整，出现细颗粒聚团移动现象	难以观察	床面平整，出现细颗粒聚团移动现象	难以观察	出现不规则少量沙纹，波高约 2mm
0.23	1～2	颗粒滚动一段距离停歇，床面平整	3～5	颗粒滚动一段距离停歇，继续滚动	5～10	出现不规则少量沙纹，波高为 3～5mm
0.67	3～5	颗粒滚动一段距离停歇，床面平整	5～7	颗粒滚动一段距离停歇，继续滚动	10～20	颗粒滚动较快，床面冲出宽约 8mm，长约 2cm 小槽

动流速均随水深的增大而增大，起动流速与水深之间的变化规律仍然符合公式 $u_0 = K_m \sqrt{\dfrac{\gamma_s - \gamma}{\gamma} g d} \left(\dfrac{h}{d}\right)^i$ 所示的指数关系。试验成果表明，起动流速指数的变化范围在 1/5～1/7 之间，平均值约为 1/6。其中较细的塑料合成沙流速指数略大，约为 1/6；而较粗的塑料合成沙，其流速指数略有减小，一般小于 1/6。表明水深对起动流速的影响程度有所减弱。

天然沙起动流速的计算公式较多，对于较粗散粒体泥沙，常用的起动流速公式为沙莫夫公式，即

$$u_0 = K_m \sqrt{\frac{\gamma_s - \gamma}{\gamma} g d} \left(\frac{h}{d}\right)^{1/6} \tag{6.20}$$

当考虑到细颗粒泥沙的黏滞性时，常用的起动公式有张瑞瑾公式、窦国仁公式及沙玉清公式，即

张瑞瑾公式：

$$u_0 = \left(\frac{h}{d}\right)^{0.141} \left(17.6 \frac{\gamma_s - \gamma}{\gamma} d + 0.000000605 \frac{10 + h}{d^{0.72}}\right)^{1/2} \tag{6.21}$$

窦国仁公式：

$$u_0 = m \ln\left(11 \frac{h}{\Delta}\right) \sqrt{\frac{\gamma_s - \gamma}{\gamma} g d + 0.19 \frac{\varepsilon_k + g h \delta}{d}} \tag{6.22}$$

沙玉清公式：

$$u_0 = \left[0.43 d^{3/4} + 1.1 \frac{(0.7 - \varepsilon)^4}{d}\right]^{1/2} H^{1/5} \tag{6.23}$$

上述公式主要以天然沙的起动流速资料为基础，在水深 0.15m 下对天然沙的起动流速拟合较好，但是随着水深增大，三家公式计算值差异较大（图 6.3、图 6.4）。利用这些公式估算模型沙的起动流速时，估算值与试验值也有

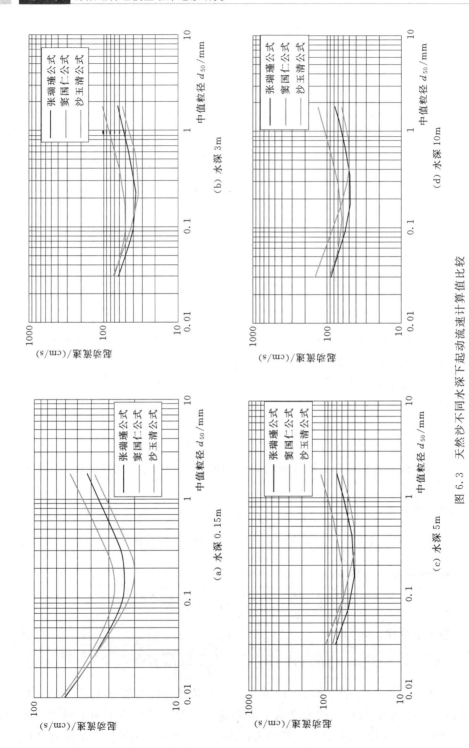

图 6.3　天然沙不同水深下起动流速计算值比较

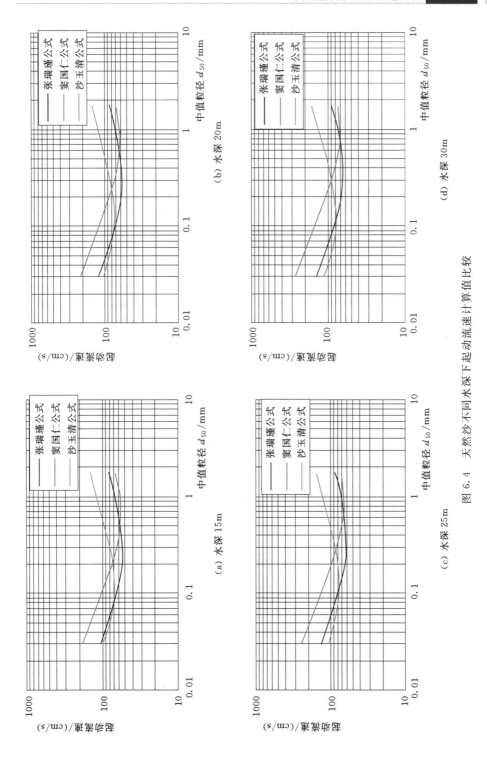

图 6.4　天然沙不同水深下起动流速计算值比较

一定的差异，特别是细颗粒模型沙。由于采用窦国仁公式和沙玉清公式计算模型沙起动流速时确定模型沙的黏滞系数 ε 比较困难，因此，在张瑞瑾起动流速公式基础上，利用现有的水槽试验实测的起动流速资料进行塑料合成沙起动流速公式的拟合。

张瑞瑾起动流速公式的形式为

$$u_0 = \left(\frac{h}{d}\right)^{\alpha_1} \left(\alpha_2 \frac{\gamma_s - \gamma}{\gamma} d + \alpha_3 \frac{10 + h}{d^{\alpha_4}}\right)^{1/2} \tag{6.24}$$

式中　α_1、α_2、α_3 和 α_4——待定系数。

根据天然沙、模型沙的起动试验资料可知，起动流速与 $\frac{h}{d}$ 呈指数关系，指数 α_1 的变化范围为 $1/7 \sim 1/5$，取 $1/7$；对于以重力作用下为主的粗颗粒模型沙，试验值与张瑞瑾公式是吻合的，因此，α_2 取 17.6，而 α_3 和 α_4 两个系数则要根据实测资料进行拟合。

图 6.5 为塑料合成沙在不同水深下起动流速（少量起动状态）随粒径的变化关系。从图 6.5 可以看出，塑料合成沙的起动流速随粒径的变化过程为下凹的曲线，与天然沙的起动规律基本一致。

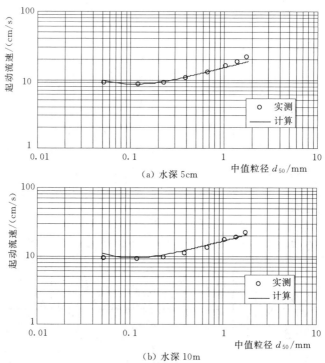

图 6.5（一）　塑料合成沙起动流速公式（张瑞瑾公式形式）与实测值拟合

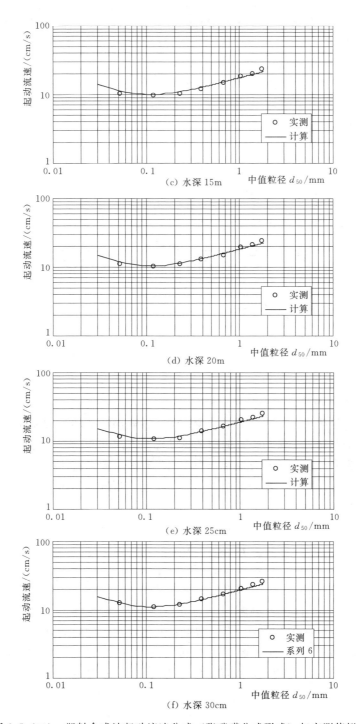

图 6.5（二）　塑料合成沙起动流速公式（张瑞瑾公式形式）与实测值拟合

通过对塑料合成沙起动流速试验资料的拟合求得起动流速公式中 α_3 和 α_4 值分别为 0.000000029、0.888。塑料合成沙起动流速公式为

$$u_{0少量动} = \left(\frac{h}{d}\right)^{0.141} \left(17.6 \frac{\gamma_s - \gamma}{\gamma} d + 0.000000029 \frac{10+h}{d^{0.888}}\right)^{1/2} \quad (6.25)$$

图 6.6 为塑料合成沙起动流速计算值与试验值的对比,从图 6.6 看出,塑料合成沙起动流速计算值与试验值在对数坐标 45°度线上,两者是基本吻合的。

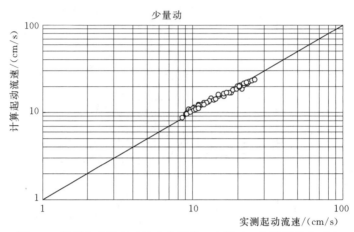

图 6.6　塑料合成沙起动流速实测值(少量动)与计算值的对比

4. 不同起动状态下的起动流速

模型沙起动状态分为个别动、少量动、普遍动和扬动。试验资料表明,模型沙处于个别动、少量动、普遍动和扬动等状态时的起动流速变化规律是一致的,起动流速与水深的对数关系线为一组平行线,起动流速同样可采用上面拟合公式形式进行描述。模型沙个别动、少量动、普遍动和扬动对应的起动流速具有一定的线性关系,一般表示为

$$u_{0个别动} = K_1 u_{少量动} + B_1 \quad (6.26)$$

$$u_{0普遍动} = K_2 u_{少量动} + B_2 \quad (6.27)$$

$$u_{0扬动} = K_3 u_{少量动} + B_3 \quad (6.28)$$

式中　K_1、K_2、K_2——比例系数;

　　　B_1、B_2、B_3——截距。

图 6.7 为塑料合成沙个别动、普遍动及扬动状态的起动流速与少量的动线性关系,通过试验资料率定回归分析可得比例系数 K_1、K_2、K_2 分别为 0.9947、1.0306、0.9274,截距 B_1、B_2、B_3 分别为 -2.188、1.3095、4.5891,即

$$u_{0个别动} = 0.9947 u_{少量动} - 2.188 \quad (6.29)$$

$$u_{0普遍动} = 1.0306 u_{少量动} + 1.3095 \quad (6.30)$$

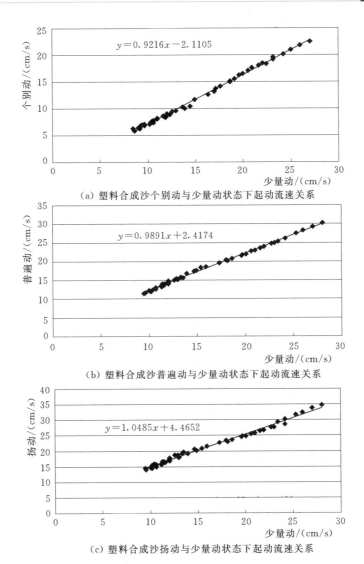

（a）塑料合成沙个别动与少量动状态下起动流速关系

（b）塑料合成沙普遍动与少量动状态下起动流速关系

（c）塑料合成沙扬动与少量动状态下起动流速关系

图 6.7　塑料合成沙各状态下起动流速关系

$$u_{0扬动} = 0.9274 u_{少量动} + 4.5891 \tag{6.31}$$

$$u_{0个别动} = 0.9947 \left(\frac{h}{d}\right)^{0.141} \left(17.6\, \frac{\gamma_s - \gamma}{\gamma} d + 0.000000016\, \frac{10+h}{d^{0.885}}\right)^{1/2} - 2.188 \tag{6.32}$$

$$u_{0普遍动} = 1.0306 \left(\frac{h}{d}\right)^{0.141} \left(17.6\, \frac{\gamma_s - \gamma}{\gamma} d + 0.000000061\, \frac{10+h}{d^{0.72}}\right)^{1/2} + 1.3095 \tag{6.33}$$

$$u_{0扬动} = 0.9274 \left(\frac{h}{d} \right)^{0.141} \left(17.6 \frac{\gamma_s - \gamma}{\gamma} d + 0.000000016 \frac{10 + h}{d^{0.72}} \right)^{1/2} + 4.5891$$

$$(6.34)$$

图 6.8 为塑料合成沙个别动、普遍动及扬动时起动流速与实测值比较，由

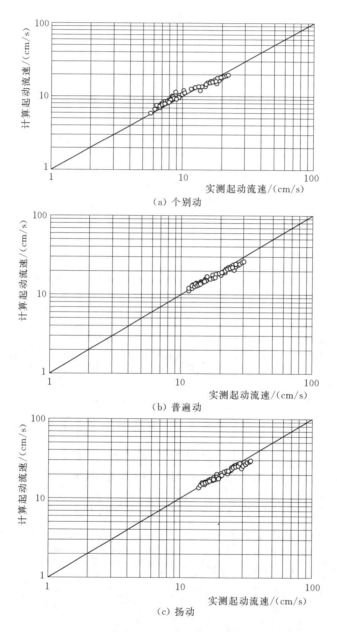

（a）个别动

（b）普遍动

（c）扬动

图 6.8　塑料合成沙起动流速实测值与计算值的对比

图 6.8 可知，公式计算值与试验值基本吻合，表明拟合公式可以计算塑料合成沙在个别动、普遍动及扬动时的起动流速。

6.6　模型选沙合理性分析

从表 6.8～表 6.12 可以看出，鄱阳湖"五河"入湖悬移质所选用的模型沙各种水深下起动流速比尺在 6.55～7.31 之间，与流速比尺 7.07 接近，满足起动流速要求，模型沙选择合理。湖区"五河"来沙悬移质模型沙设计级配和原型级配如图 6.9。

表 6.8　　　　　　　　　　赣江悬沙原型与模型沙起动流速对照表

原型沙		模型沙			比　尺	
$\gamma_s = 2.65\text{t/m}^3$		$\gamma_s = 1.15\text{t/m}^3$			$d_{50} = 0.124\text{mm}$	
$d_{50} = 0.061\text{mm}$		$d_{50} = 0.124\text{mm}$			$\lambda_d = 0.49$	
h /m	u_0 /(cm/s)	h /cm	u_0/(cm/s) （计算）	u_0/(cm/s) （试验）	λ_{u_0} （计算）	λ_{u_0} （试验）
2.75	54.29	5.5	8.66	8.18	6.27	6.55
5.25	61.79	10.5	9.64	9.11	6.41	6.69
7.75	66.79	15.5	10.29	9.72	6.49	6.77
10.25	70.64	20.5	10.78	10.18	6.55	6.84
12.75	73.79	25.5	11.18	10.56	6.60	6.89
15.25	76.48	30.5	11.52	10.88	6.64	6.93

表 6.9　　　　　　　　　　抚河悬沙原型与模型沙起动流速对照表

原型沙		模型沙			比　尺	
$\gamma_s = 2.65\text{t/m}^3$		$\gamma_s = 1.15\text{t/m}^3$			$d_{50} = 0.124\text{mm}$	
$d_{50} = 0.058\text{mm}$		$d_{50} = 0.129\text{mm}$			$\lambda_d = 0.45$	
h /m	u_0 /(cm/s)	h /cm	u_0/(cm/s) （计算）	u_0/(cm/s) （试验）	λ_{u_0} （计算）	λ_{u_0} （试验）
2.75	55.04	5.5	8.71	8.23	6.32	6.69
5.25	62.64	10.5	9.70	9.17	6.46	6.83
7.75	67.71	15.5	10.35	9.78	6.54	6.92
10.25	71.61	20.5	10.84	10.25	6.61	6.99
12.75	74.80	25.5	11.24	10.63	6.65	7.04
15.25	77.53	30.5	11.58	10.95	6.69	7.08

表 6.10　　　　　　　　　　信江悬沙原型与模型沙起动流速对照表

原型沙		模型沙			比　尺	
$\gamma_s = 2.65 \text{t/m}^3$		$\gamma_s = 1.15 \text{t/m}^3$			$d_{50} = 0.124 \text{mm}$	
$d_{50} = 0.044 \text{mm}$		$d_{50} = 0.180 \text{mm}$			$\lambda_d = 0.24$	
h /m	u_0 /(cm/s)	h /cm	u_0/(cm/s) （计算）	u_0/(cm/s) （试验）	λ_{u_0} （计算）	λ_{u_0} （试验）
2.75	60.05	5.5	8.51	8.73	7.06	6.88
5.25	68.34	10.5	9.48	9.73	7.21	7.02
7.75	73.88	15.5	10.12	10.38	7.30	7.12
10.25	78.13	20.5	10.60	10.87	7.37	7.19
12.75	81.61	25.5	10.99	11.28	7.43	7.24
15.25	84.59	30.5	11.32	11.62	7.47	7.28

表 6.11　　　　　　　　　　修河悬沙原型与模型沙起动流速对照表

原型沙		模型沙			比　尺	
$\gamma_s = 2.65 \text{t/m}^3$		$\gamma_s = 1.15 \text{t/m}^3$			$d_{50} = 0.124 \text{mm}$	
$d_{50} = 0.037 \text{mm}$		$d_{50} = 0.28 \text{mm}$			$\lambda_d = 0.13$	
h /m	u_0 /(cm/s)	h /cm	u_0/(cm/s) （计算）	u_0/(cm/s) （试验）	λ_{u_0} （计算）	λ_{u_0} （试验）
2.75	63.99	5.5	8.74	9.54	7.32	6.71
5.25	72.83	10.5	9.74	10.62	7.48	6.86
7.75	78.73	15.5	10.39	11.34	7.58	6.94
10.25	83.25	20.5	10.89	11.88	7.65	7.01
12.75	86.97	25.5	11.29	12.32	7.70	7.06
15.25	90.14	30.5	11.63	12.69	7.75	7.10

表 6.12　　　　　　　　　　昌江悬沙原型与模型沙起动流速对照表

原型沙		模型沙			比　尺	
$\gamma_s = 2.65 \text{t/m}^3$		$\gamma_s = 1.15 \text{t/m}^3$			$d_{50} = 0.124 \text{mm}$	
$d_{50} = 0.040 \text{mm}$		$d_{50} = 0.21 \text{mm}$			$\lambda_d = 0.19$	
h /m	u_0 /(cm/s)	h /cm	u_0/(cm/s) （计算）	u_0/(cm/s) （试验）	λ_{u_0} （计算）	λ_{u_0} （试验）
2.75	62.14	5.5	8.53	8.99	7.29	6.91
5.25	70.72	10.5	9.50	10.02	7.44	7.06
7.75	76.45	15.5	10.14	10.69	7.54	7.15
10.25	80.85	20.5	10.62	11.20	7.61	7.22
12.75	84.45	25.5	11.01	11.61	7.67	7.27
15.25	87.53	30.5	11.35	11.97	7.71	7.31

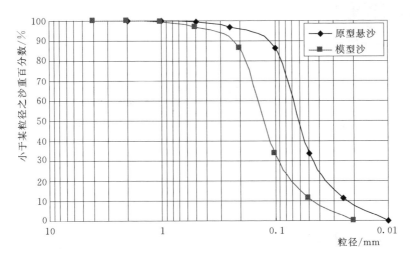

图 6.9 赣江来沙悬移质原型沙和模型沙级配曲线

第7章

鄱阳湖动床模型设计

7.1 模型相似条件

根据研究内容和试验河段水沙条件及河床组成情况，本模型除满足几何相似和水流运动相似外，还应满足悬移质、沙质推移质运动相似。

7.1.1 几何相似

几何相似是模型相似的基础，模型几何比尺是由研究目的、研究河段特性、场地条件以及模型沙特性所决定的，所选择的几何比尺需要满足水流运动和泥沙运动相似条件的限制，根据初步设计报告及其审查意见，以及专家的咨询意见，选定模型比尺 $\lambda_l = 500$，$\lambda_h = 50$，$e = 10$。

为保证模型与原型水流基本为同一物理方程所描述，模型水流需要满足如下两个限制条件：

（1）模型水流必须是紊流，雷诺数为 $Re > 1000 \sim 2000$。

（2）不使表面张力干扰模型的水流运动，模型水深 $h_m > 1.5 \text{cm}$。

现状条件下，鄱阳湖枯水期湖内水深一般大于 1.5m，平均流速也均在 1.2m/s 左右。

按上述拟定的模型几何比尺，模型最小雷诺数 $Re = 2147 > 1000 \sim 2000$，模型最小水深 $h_m = 3.0 \text{cm} > 1.5 \text{cm}$，能够满足要求。

7.1.2 水流运动相似及比尺

（1）重力相似：

$$\lambda_u = \lambda_h^{1/2} = 7.07 \tag{7.1}$$

（2）阻力相似：

$$\lambda_n = \lambda_h^{2/3}/\lambda_l^{1/2} = 0.61 \tag{7.2}$$

（3）水流连续相似：

$$\lambda_Q = \lambda_h \lambda_l \lambda_u = 176750 \tag{7.3}$$

（4）水流时间比尺：

$$\lambda_t = \lambda_l / \lambda_u = 70.72 \tag{7.4}$$

式中　λ_u——流速比尺；

　　　λ_n——糙率比尺；

　　　λ_Q——流量比尺；

　　　λ_t——水流时间比尺。

7.1.3　泥沙运动相似及比尺

鄱阳湖来沙主要包括悬移质、沙质推移质。它们的粒径范围分布较广。根据鄱阳湖建闸蓄水运用后湖区主要以淤积为主的演变特点，模型设计分别考虑了不同的相似条件，湖区模型悬移质泥沙主要满足起动和扬动相似、沉降相似、挟沙相似和河床变形相似，推移质主要满足起动流速、输沙相似和河床变形相似。

（1）悬移质运动相似比尺。

1）沉降相似。根据悬移质三维扩散方程

$$\frac{\partial s}{\partial t} = -\frac{\partial}{\partial x}(us) - \frac{\partial}{\partial y}(vs) - \frac{\partial}{\partial z}(ws) + \frac{\partial}{\partial y}(\omega s) + \frac{\partial}{\partial x}\left(\varepsilon_{s_x}\frac{\partial s}{\partial x}\right)$$

$$+ \frac{\partial}{\partial y}\left(\varepsilon_{s_y}\frac{\partial s}{\partial y}\right) + \frac{\partial}{\partial z}\left(\varepsilon_{s_z}\frac{\partial s}{\partial z}\right) \tag{7.5}$$

可推得悬移质泥沙运动淤积相似（即沉降相似）比尺：

$$\lambda_\omega = \lambda_v \lambda_h / \lambda_l \tag{7.6}$$

式中　ε_{s_x}、ε_{s_y}、ε_{s_z}——分别为纵向、垂向、横向泥沙扩散系数；

　　　u、v、w——三个方向的流速；

　　　　　　s——含沙量；

　　　　　　ω——沉速；

　　　　　λ_ω——沉速比尺。

2）扬动流速相似。扬动流速相似要求扬动流速比尺等于流速比尺，即

$$\lambda_{u_0} = \lambda_u \tag{7.7}$$

式中　λ_{u_0}——扬动流速比尺。

3）挟沙能力相似。根据悬移质扩散方程的床面边界条件和挟沙力公式

$$\varepsilon_s \frac{\partial S}{\partial y}\bigg|_{y=0} = -\omega S_{b*} \tag{7.8}$$

$$S_* = \frac{K_s}{C^2}\frac{\gamma\gamma_s}{\gamma_s - \gamma}\frac{u^3}{gh\omega} \tag{7.9}$$

可推出含沙量比尺：

$$\lambda_s = \lambda_{s*} = \frac{\lambda_{k_s} \lambda_{\gamma_s}}{\lambda_{\frac{\gamma_s - \gamma}{\gamma}}} \tag{7.10}$$

式中　ε_s——悬移质扩散系数；

　　　S——含沙量；

　　　ω——沉速；

　　　k_s——综合系数；

　　　h——水深；

　　　C——无尺度的谢才系数；

　　　λ_s——含沙量比尺；

　　　λ_{s*}——挟沙力比尺；

　　　λ_{k_s}——挟沙力系数比尺；

　　　λ_{γ_s}——泥沙容重比尺；

　$\lambda_{\frac{\gamma_s - \gamma}{\gamma}}$——相对容重比尺。

4) 河床变形相似。根据河床变形方程

$$\frac{\partial q_b}{\partial x} + \gamma_0 \frac{\partial Z_0}{\partial t} = 0 \tag{7.11}$$

可推出悬移质河床变形时间比尺：

$$\lambda_{t2(悬)} = \frac{\lambda_l \lambda_{\gamma_0}}{\lambda_{\gamma_s}} \tag{7.12}$$

式中　$\lambda_{t2(悬)}$——悬移质河床变形时间比尺；

　　　λ_{γ_0}——泥沙干容重比尺。

（2）沙质推移质运动相似及比尺。床沙与沙质推移质主要需满足起动相似、输沙率相似、河床冲淤变形相似。

1) 起动相似。起动流速相似要求起动流速比尺等于流速比尺，即

$$\lambda_{u_0} = \lambda_u \tag{7.13}$$

2) 输沙率相似。目前推移质输沙率公式很多，形式各异，但由大多数公式导出的比尺关系式基本一致，因此本次设计采用的推移质输沙率公式

$$q_b = \frac{k_0 \gamma_s \gamma (v - v_0) v^3}{C_0^2 (\gamma_s - \gamma) g \omega} \tag{7.14}$$

式中　$C_0 = (L/h)^{1/2}$；

　　　k_0——系数；

　　　ω——沉速。

可推得：

$$\lambda_{q_b}=\frac{\lambda_{k_0}\lambda_{\gamma_s}\lambda_h^{3/2}}{\lambda_{\gamma_S-\gamma}} \tag{7.15}$$

式中　λ_{k_0}——原型与模型的推移质输沙系数比尺；

λ_{q_b}——单宽输沙率比尺。

3）河床变形相似。由推移质运动的河床变形方程

$$\frac{\partial q_b}{\partial x}+\gamma_0\frac{\partial Z_0}{\partial t}=0 \tag{7.16}$$

可导出河床变形时间比尺：

$$\lambda_{t1(沙)}=\frac{\lambda_l\lambda_{\gamma_0}\lambda_h}{\lambda_{q_b}} \tag{7.17}$$

7.2　模拟河段床沙组成及悬移质模拟范围

图 7.1 为模拟湖区 2012 年实测床沙平均级配曲线，中值粒径为 0.139mm。从图中可看出小于 0.01mm 的沙粒占整个床沙的百分数很小，几乎不到 15%，造床作用较小。

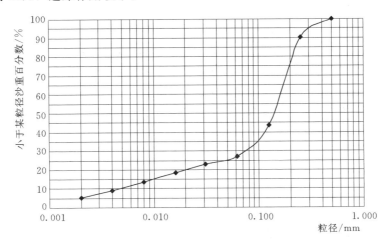

图 7.1　鄱阳湖湖区 2012 年实测平均床沙级配曲线

泥沙粒径模拟范围直接涉及模型试验成果。在河道演变过程中，悬移质中参与河床交换的泥沙粒径下限值在同一河段的不同区域是不同的，对于主槽和流速较大的区域，粒径下限要粗些，对于洲滩、缓流区和回流区，粒径下限要细些。在模型选沙过程中，模型沙粒径越细越难选沙，因为极细的沙存在絮凝现象，且不易满足起动相似，控制也不方便。为方便选沙，在满足试验研究成果的基础上，尽量不模拟极细的泥沙。根据相关研究成果，鄱阳湖湖区床沙模

拟下限为 0.01mm，悬移质粒径模拟下限亦为 0.01mm。

7.3　模型比尺计算公式选取

（1）沉速计算公式选用。计算原型沙和模型沙沉速时，当 $Re_d > 1$ 时，采用张瑞瑾沉速公式计算；当 $Re_d < 1$ 时，采用斯托克斯公式计算。

（2）天然沙起动和扬动流速计算。目前，一些天然沙起动流速公式都是根据水槽试验成果导出的，在水深较小时，各个公式计算结果大致相同，而在水深较大时各个公式计算结果差别较大。本书用窦国仁给出了泥沙的扬动流速公式计算，天然沙起动流速参照窦国仁、张瑞瑾、沙玉清和长江科学院经验公式进行计算。

窦国仁泥沙的起动流速公式和扬动流速公式如下：

起动流速 $\qquad u_0 = m \ln\left(11\dfrac{h}{\Delta}\right)\sqrt{\dfrac{\gamma_s - \gamma}{\gamma}gd + 0.19\dfrac{\varepsilon_k + gh\delta}{d}}$ （7.18）

扬动流速 $\qquad u_f = 1.5\ln\left(11\dfrac{h}{\Delta}\right)\sqrt{\dfrac{\gamma_s - \gamma}{\gamma}gd}$ （7.19）

式中　m——泥沙颗粒的状态，$m = 0.265$ 为泥沙颗粒处于起动的临界状态，$m = 0.32$ 为泥沙颗粒处于少量动的起动状态，$m = 0.408$ 为泥沙颗粒处于普遍动的起动状态，通常所说的起动流速 u_{1k}、u_{2k} 分别对应于 $m = 0.32$ 和 $m = 0.408$ 时的情况；

$\quad\Delta$——床面泥沙颗粒糙率高度，当 $d > 0.5$mm 时，$\Delta = d$，当 $d < 0.5$mm 时，$\Delta = 0.5$mm；

$\quad\varepsilon_k$——黏结力参数，对于天然沙 $\varepsilon_k = 2.56\text{cm}^3/\text{s}^2$；

$\quad\delta$——薄膜水厚度，其值为 0.21×10^{-4}cm。

按式（7.19）计算扬动流速时，如果其值小于按起动流速公式（7.18）所得到 u_{2k} 值时，则扬动流速应取其等于 u_{2k} 的值。

张瑞瑾泥沙的起动流速公式如下：

$$u_0 = \left(\frac{h}{d}\right)^{0.141}\left(17.6\frac{\gamma_s - \gamma}{\gamma}d + 0.000000605\frac{10 + h}{d^{0.72}}\right)^{1/2}$$ （7.20）

沙玉清泥沙的起动流速公式如下：

$$u_0 = \left[0.43d^{3/4} + 1.1\frac{(0.7 - \varepsilon)^4}{d}\right]^{1/2}h^{1/5}$$ （7.21）

式中，ε 取 0.4，d 单位为 mm。

长江科学院经验公式:

$$d < 0.1\text{mm} \quad u_0 = 0.857\sqrt{\frac{\gamma_s - \gamma}{\gamma}gd + 6\times10^{-6}\left(\frac{d_1}{d}\right)^{0.66}g(h+h_a)}\left(\frac{h}{d}\right)^{1/6}$$

$$(7.22)$$

$$0.1\text{mm} < d < 1.0\text{mm} \quad u_0 = k\sqrt{\frac{\gamma_s - \gamma}{\gamma}gd}\left(\frac{h}{d}\right)^{1/6} \tag{7.23}$$

式中, h_a 取 10m, d_1 为参考粒径, 取 1mm, k 取 1.47。

(3) 模型沙起动和扬动流速计算。塑料合成沙起动和扬动流速采用本次水槽试验成果拟合公式进行计算。

以赣江来沙为例, 原型沙和模型沙计算所采用的 d_{50} 值及容重和干容重值见表 7.1。

表 7.1　　塑料合成沙和原型沙 d_{50} 值及容重和干容重值汇总表

模拟项目	原型沙		塑料合成沙		
	$\gamma_s = 2.65\text{t/m}^3$		$\gamma_s = 1.15\text{t/m}^3$		
	d_{50} /mm	γ_0 /(t/m³)	d_{50} /mm	γ_0 /(t/m³)	λ
悬移质	0.061	1.40	0.124	0.60	2.33
沙质推移质	0.139	1.41	0.284	0.60	2.35

注　γ_s—容重; γ_0—干容重; λ—干容重比尺; 假定模拟河段悬移质及沙质推移质粒径比尺为 0.25。

7.4　湖区模型比尺确定

7.4.1　悬移质运动相似

由于沉速与粒径不是单值关系, 而是随水温变化而变化的, 故不同水温时, 模型沙的粒径也应随之而改变, 但这种变化不大, 而鄱阳湖多年平均水温约为 18.0℃, 因此模型设计水温按 20℃ 考虑。

(1) 沉降比尺相似。

$$\lambda_\omega = \lambda_\nu \frac{\lambda_h}{\lambda_l} = 7.07 \times \frac{50}{500} = 0.707 \tag{7.24}$$

表 7.2 给出不同粒径的塑料合成沙满足沉降要求的粒径比尺, 从表 7.2 中可以看出, 泥沙的各粒径比尺不是常数, 随原型沙粒径不同而变化, 考虑到主要满足起动相似条件, 取悬移质粒径比尺 $\lambda_d = 0.25$, 即原型悬移质 $d_{50} = 0.044\text{mm}$, 相应模型悬移质的 $d_{50} = 0.180\text{mm}$。

表 7.2　　　　　　　　　　　　　　　　悬移质沉速及其比尺

原　型		模　型		比　尺
$\gamma_s = 2.65 \text{t/m}^3$		$\gamma_s = 1.15 \text{t/m}^3$		
d/mm	$w_p/(\text{cm/s})$	d/cm	$w_p/(\text{cm/s})$	λ_d
0.025	0.06	0.10	0.08	0.25
0.05	0.23	0.20	0.33	0.25
0.1	0.90	0.52	1.27	0.19
0.15	1.35	0.70	1.91	0.21
0.25	3.14	1.69	4.44	0.15
0.3	4.04	2.44	5.71	0.12
0.5	7.09	6.51	10.03	0.08

（2）挟沙能力相似。含沙量比尺为

$$\lambda_s = \frac{\lambda_{ks}\lambda_{\gamma s}}{\lambda_{\frac{\gamma_s - \gamma}{\gamma}}} \tag{7.25}$$

式中，$\lambda_{ks}=1$，则 $\lambda_{ks}=\dfrac{2.30}{11}=0.21$。

（3）起动相似。表 7.3 列出了不同水深时原型沙和模型沙起动流速比尺 λ_{u_0} 值，由表 7.3 可知不同水深下计算比尺基本上接近模型设计要求的起动流速比尺 $\lambda_{u_0}=7.07$。

表 7.3　　　　　　　　悬移质起动流速及其比尺（原型 $d_{50}=0.044\text{mm}$）

原型沙		模型沙		比　尺
$\gamma_s = 2.65 \text{t/m}^3$		$\gamma_s = 1.15 \text{t/m}^3$		$d_{50} = 0.124\text{mm}$
$d_{50} = 0.044\text{mm}$		$d_{50} = 0.180\text{mm}$		$\lambda_d = 0.25$
h/m	$u_0/(\text{cm/s})$	h/cm	$u_0/(\text{cm/s})$	λ_{u_0}
2.75	60.05	5.5	8.51	7.06
5.25	68.34	10.5	9.48	7.21
7.75	73.88	15.5	10.12	7.30
10.25	78.13	20.5	10.60	7.37
12.75	81.61	25.5	10.99	7.43
15.25	84.59	30.5	11.32	7.47

（4）河床变形相似。原型悬移质淤积物干容重取 1.4t/m^3，相应模型沙淤积物干容重为 0.60t/m^3。得

$$\lambda_{\gamma 0} = \frac{1.40}{0.60} = 2.33$$

由式（7.12）可以得到悬移质冲淤时间比尺为

$$\lambda_{t2}=\frac{\lambda_l\lambda_{\gamma0}}{\lambda_v\lambda_s}=\frac{500\times2.33}{7.07\times0.21}=784 \tag{7.26}$$

7.4.2 沙质推移质运动相似

（1）沉降比尺相似。表 7.4 列出了按沉降相似条件计算得出的模型沙质推移质级配。

表 7.4 沙质推移质沉速及其比尺

原 型		模 型		比 尺
$\gamma_s=2.65t/m^3$		$\gamma_s=1.15t/m^3$		
d/mm	$w_p/(cm/s)$	d/cm	$w_p/(cm/s)$	λ_d
0.1	0.90	0.52	1.27	0.19
0.15	1.35	0.70	1.91	0.21
0.25	3.14	1.69	4.44	0.15
0.3	4.04	2.44	5.71	0.12
0.5	7.09	6.51	10.03	0.08

注 沙质推移质各粒径比尺 $\lambda_d=0.08\sim0.21$，考虑以起动相似条件为主，取 $\lambda_d=0.25$。

（2）起动相似。表 7.5 列出了不同水深时原型和模型沙起动流速比尺 λ_{u_0} 值，由表 7.5 可知各级水深下的起动流速比尺 λ_{u_0} 接近 7.07，基本满足了起动相似。

表 7.5 沙质推移质起动流速及其比尺（原型 $d_{50}=0.139mm$）

原 型		模 型		比 尺
$\gamma_s=2.65t/m^3$		$\gamma_s=1.15t/m^3$		
$d_p=0.139mm$		$d_m=0.556mm$		
h/m	$u_0/(cm/s)$	h/cm	$u_0/(cm/s)$	λ_{u_0}
2.75	43.60	5.5	6.30	6.92
5.25	50.19	10.5	7.16	7.01
7.75	54.21	15.5	7.70	7.04
10.25	57.34	20.5	8.11	7.07
12.75	60.01	25.5	8.44	7.11
15.25	62.78	30.5	8.72	7.20

（3）输沙率相似。单宽推移质输沙率比尺由式（7.14）计算

$$\lambda_{qb}=\frac{\lambda_{ks}\lambda_{\gamma s}\lambda_h^{3/2}}{\lambda_{\gamma s-\gamma}} \tag{7.27}$$

其中

$$\lambda_{k_s} = 1\lambda_{qb} = \frac{2.30 \times 50^{3/2}}{11} = \frac{2.30 \times 353.55}{11} = 73.92 \qquad (7.28)$$

（4）河床变形相似。$d_{50} = 0.139\text{mm}$ 的天然沙淤积物干容重取 1.44t/m^3，$d_{50} = 0.556\text{mm}$ 的塑料合成沙干容重为 0.60t/m^3，干容重比尺为 2.40。

由式（7.15）可以算得床沙的冲淤时间比尺为

$$\lambda_{t1(沙)} = \frac{\lambda_l \lambda_{\gamma_0} \lambda_h}{\lambda_{gb}} = \frac{500 \times 2.40 \times 50}{73.92} = 811.69 \qquad (7.29)$$

上述计算表明悬移质及沙质推移质时间比尺比较接近，各项相似比尺见汇总表 7.6。

表 7.6 湖区模型比尺汇总表

项　目	名　称	比尺符号	比尺数值
模型	平面长度、宽度	λ_l	500
	水深	λ_h	50
水流	流速	λ_u	7.07
	糙率	λ_n	0.61
	流量	λ_Q	176750
	时间	λ_t	70.72
悬移质	沉速	λ_ω	2.9～3.5
	粒径	λ_d	0.25
	起动流速	λ_{u_0}	6.92～7.21
	扬动流速	λ_{u_f}	6.90～7.23
	含沙量	λ_s	0.21
	干容重	λ_{γ_0}	2.40
	冲淤时间	λ_{t2}	784
沙质推移质	沉速	λ_ω	2.4～3.5
	粒径	λ_d	0.25
	起动流速	λ_{u_0}	6.92～7.21
	单宽输沙率	λ_{qb}	73.92
	干容重	λ_{γ_0}	2.40
	冲淤时间	$\lambda_{t1(沙)}$	811.69

第 8 章

三峡工程运用对鄱阳湖江湖
关系影响试验

8.1 研究背景及意义

鄱阳湖位于江西省的北部、长江中游南岸，承纳赣江、抚河、信江、饶河、修河及西河等支流来水，经调蓄后由湖口注入长江，是一个过水型、吞吐型、季节性湖泊。它不仅是我国最大的淡水湖泊，亦是与长江直接相连通的第一大湖，是长江水系及生态系统的重要组成部分。鄱阳湖水系流域面积为 16.22 万 km²，江西省境内占 96.6%，占长江流域面积的 9%。它不仅是江西省的母亲湖，还是长江洪水的重要调蓄场所、世界著名湿地。在长江流域治理、开发与保护中，鄱阳湖占有举足轻重的地位。

鄱阳湖水位变化受"五河"来水及长江水情双重影响，洪、枯水的湖体面积、湖体容积相差极大，具有"高水是湖，低水是河""洪水一片，枯水一线"的特点。鄱阳湖水位的变化不仅关系到鄱阳湖的防洪、供水安全，而且影响鄱阳湖的水环境、水生态的变化。因此，研究鄱阳湖江湖关系受长江水情变化的影响是很有意义的。

三峡工程运用后，长江中下游水情发生变化，对鄱阳湖江湖关系产生影响，主要表现为对鄱阳湖水位的影响。全面准确地评估三峡工程运用对鄱阳湖江湖关系的影响，探讨鄱阳湖水位变化是关键。

本试验研究依托已建成的鄱阳湖物理模型，结合一维数学模型拟定边界条件，研究三峡工程运用前后各典型年不同时段鄱阳湖区水位变化，达到对三峡工程建成后鄱阳湖区水流特性影响定量的认识和宏观把握，深入揭示鄱阳湖江湖关系，为鄱阳湖综合治理方案制定和实施提供科学依据和技术支撑。

8.2 长江—鄱阳湖水情及三峡工程概况

8.2.1 长江上游水文情势

长江上游是指长江源头至湖北宜昌市,其中三峡工程位于宜昌市的三斗坪处。三峡工程以上的长江流域面积约 100 万 km²,多年平均降水量为 840mm。长江上游水系从上至下发育有金沙江、岷江、嘉陵江和乌江等一级支流。

宜昌水位站 1950—2007 年的多年平均径流量为 14300m³/s。由于季风性气候的作用,长江上游降雨具有"时空分布不均匀、径流年际变化大、年内分配不均"的特点。具体表现为:枯水季(1—3 月)径流量占全年的 7.3%,汛期(5—10 月)径流占全年的 79.1%。其中,汛初、汛末径流分别占全年的 10.7% 和 10.5%,7—9 月集中了全年 50% 以上的径流量。表 8.1 为宜昌站多年水文特征。

表 8.1 宜昌站水文特征

项　目	水位/m	发生年份	流量/m³	发生年份	径流量/亿 m³	发生年份
最高	55.73	1954	70800	1981	5751	1954
最低	38.31	1987	2770	1937	3575	1972
多年平均	44.3	1950—2007	14300	1950—2007	4364	1950—2007

从长期变化趋势角度看,根据宜昌水文站 1950—2007 年的年径流量变化推测长江上游年均径流渐趋减少,但是不很明显(图 8.2)。

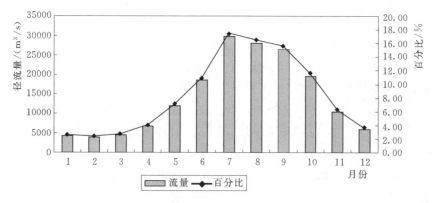

图 8.1　宜昌站多年平均来水情况图

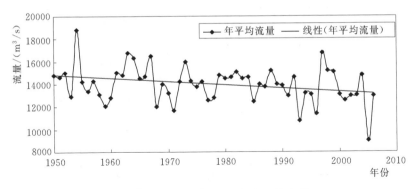

图 8.2　宜昌站 1950—2007 年平均流量

8.2.2　鄱阳湖与长江的水文分析

"五河"、鄱阳湖和长江是紧密相连的水体，彼此成为上、下游水体流动的天然通道，使之形成河、湖、江之间存在相互联系、相互制约、相互影响的水文动态变化、水量动态平衡关系，以及大量的能量、物质的交换和循环关系，鄱阳湖水量、水位等不仅受制于"五河"和湖区，也受制于长江来水。

8.2.2.1　鄱阳湖与长江的关系

鄱阳湖是吞吐型、过水型、季节性淡水湖泊。鄱阳湖流域面积占长江流域面积的 9%，平均径流量约占长江流域年均径流量的 15.5%。

鄱阳湖环湖区集雨面积为 25082km^2（指"五河七口"以下至湖口的区间集雨面积），占鄱阳湖流域面积的 15.5%。环湖区多年平均入湖水量为 185.9 亿 m^3，占入湖总水量的 12.9%，以 1998 年 373.2 亿 m^3 为最大，1963 年 72.5 亿 m^3 为最小，最大值是最小值的 5.1 倍。鄱阳湖湖口的水位平时略高于长江，江水不倒灌入湖或阻碍湖水出湖，调蓄长江洪水。1951—2007 年中有 46 年发生倒灌，倒灌 120 次共 735 天，平均每年倒灌水量约 25 亿 m^3。最大倒灌流量为 13700m^3/s（1991 年 7 月 12 日），最大年倒灌量为 113.8 亿 m^3（1991 年），倒灌时有 75% 的星子水位高于 16m，倒灌时间均发生在每年 6 月以后。鄱阳湖的大洪水基本上是由五河洪水与长江洪水同时遭遇而形成的。长江上、中游来水减少，将拉动湖水出湖，退水加快，是造成鄱阳湖枯水的提前。2006 年、2007 年枯季 10 月至次年 2 月，长江九江站平均流量分别为 6989m^3/s、8368m^3/s，比多年均值分别偏少 32%、19%，是造成这些年 10 月至次年 2 月长江九江段及鄱阳湖水位偏低的原因之一（表 8.2）。

表 8.2　　　　　　　　　　　　　长江九江站平均流量

年　份	10 至次年 2 月平均流量/（m³/s）	与多年同期比较	年平均流量/（m³/s）	与多年同期比较
2003	10709	103%	24940	107%
2004	10246	99%	22276	96%
2005	11588	112%	24097	103%
2006	6989	68%	16931	73%
2007	8368	81%	20883	90%
2003—2007	9580	93%	21825	94%
1988—2007	10350	100%	23325	100%

由图 8.3 知，由于湖区的调蓄影响，出湖水量年内变化与入湖水量年内变化趋势一致，各月占年总量的比重不同。出湖水量集中在 4—7 月，占年总量的 53.7%，其中 5—6 月占年总量的 30.6%。1—7 月出湖平均流量小于同期入湖月平均流量，9—12 月各月出湖月平均流量大于同期入湖月平均流量，详见表 8.3。

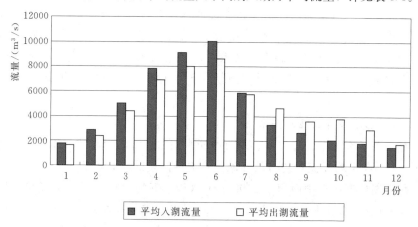

图 8.3　各月多年平均入、出湖流量表

表 8.3　　　　　　　　　　各月多年平均入、出湖流量表

月　份	1	2	3	4	5	6	7	8	9	10	11	12
平均入湖流量/（m³/s）	1779	2848	5005	7832	9153	10068	5856	3335	2705	2058	1852	1538
平均出湖流量/（m³/s）	1652	2418	4392	6896	8005	8657	5753	4665	3590	3769	2964	1797

8.2.2.2　鄱阳湖水位分析

进入 21 世纪以来，江西省降雨量明显偏少，入湖水量相应减少，星子、湖口两站年平均水位的五年滑动平均值也下降。加上长江上中游来水偏少的影响，导致"五河"及鄱阳湖星子、都昌等湖区水位站先后出现最低水位和最小流量。星子站年平均水位五年滑动平均值至 2008 年达到最小值 12.24m，湖口

站年平均水位五年滑动平均值至 2007 年为 12.13m，接近最小值 11.98m。

1. 湖口站

鄱阳湖水位受鄱阳湖水系来水及长江干流水情双重影响，水位的高低，对鄱阳湖面积、容积有着直接影响，经对湖口站历年水位统计分析，从表 8.4 可以看出：湖口站多年平均水位为 12.86m，最高多年平均月水位出现在 7 月为 17.60m，最低多年平均月水位出现在 1 月为 8.04m，平均水位变幅为 9.56m；历年最高水位为 22.59m（1998 年 7 月 31 日），历年最低水位为 5.90m（1963 年 2 月 6 日），最高最低变幅为 16.69m。图 8.4 显示湖口站年多年平均水位、最高水位、最低水位增降变化规律大体一致。

表 8.4 湖口站年月水位特征统计表

月份	平均水位/m	最高水位/m	出现时间	最低水位/m	出现时间
1	8.29	13.83	1998 年	6.06	1979 年
2	8.51	13.18	1990 年	5.9	1963 年
3	10.13	17.03	1992 年	6.09	1963 年
4	12.11	17.16	1992 年	7.03	1963 年
5	14.61	19.59	1975 年	9.26	2007 年
6	16.11	21.77	1998 年	10.25	2007 年
7	17.85	22.59	1998 年	12.35	1963 年
8	16.98	22.58	1998 年	10.28	2006 年
9	16.32	21.63	1998 年	9.18	2006 年
10	14.48	19.36	1954 年	8.39	2006 年
11	11.93	17.56	1954 年	7.91	2006 年
12	9.39	13.76	1982 年	6.48	1956 年
全年	13.01	22.59	1998 - 07 - 31	5.9	1963 - 02 - 06

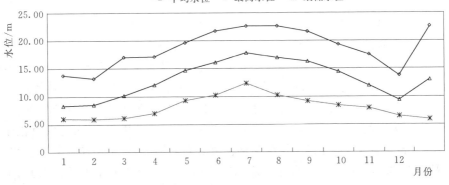

图 8.4 湖口站月水位特征

　　2. 星子站

　　星子站水位年际最大变幅 15.41m，年内变幅为 7.67～14.19m，平均为 11.10m；历年最高水位为 22.52m（冻结基面，1998 年 8 月 2 日）；历时最低水位 7.11m（2004 年 2 月 4 日）；1953—2007 年平均水位 13.43m，年最高、最低水位的平均值分别为 19.14m 和 8.04m。由于湖泊地形南高北低，水位年变幅自上（南）而下（北）逐渐加大。年最高水位主要出现在 6—8 月，占 89.1%，其中 7 月占 58.0%，6 月占 20.0%。年最低水位主要出现在 12 月至次年 2 月，占 94.5%，其中 12 月占 36.4%，1 月占 34.5%。星子站特征水位时间序列见图 8.5。

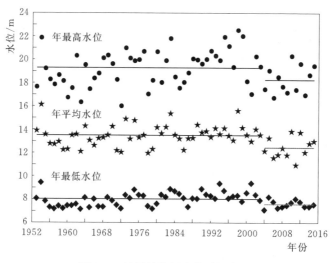

图 8.5　星子站特征水位时间序列

8.2.3　三峡及上游控制性水库概况

8.2.3.1　三峡工程

　　三峡工程位于长江西陵峡中段，坝址在湖北省宜昌市上游 40km 处的三斗坪。控制流域面积为 100 万 km^2，多年平均年径流量 4510 亿 m^3，多年平均年输沙量 5.3 亿 t。设计正常蓄水位 175.00m，总库容为 393 亿 m^3，其中防洪库容 221.5 亿 m^3。三峡工程枢纽由拦江大坝、水电站和通航建筑物等三部分组成。大坝为混凝土重力坝，坝顶总长 3035m。水电站设 26 台水轮发电机组，左岸 14 台，右岸 12 台。水轮机为混流式，单机容量均为 70 万 kW，总装机容量为 1820 万 kW，年平均发电量 847 亿 kW·h。后又在右岸大坝"白石尖"山体内建设地下电站，设 6 台 70 万 kW 的水轮发电机。年总发电量可达 1000 亿 kW·h。

依据三峡工程初设报告，三峡工程正常的调度运行方式为 6 月初腾空防洪库容，水库水位降至防洪限制水位 145.00m，下泄流量增加；汛期 6—9 月，低水位运行，水库下泄流量等于入库流量，当入库流量较大时，根据下游防洪需要，水库水位抬高，洪峰过后，库水位仍降至 145.00m；水库每年从 10 月开始蓄水，蓄至正常蓄水位 175.00m，下泄流量减少，少数年份，这一蓄水过程延续到 11 月；12 月至次年 4 月，水库按电网要求放水，流量小于电站保证出力对流量的要求时，动用调节库容，出库流量大于入库流量，库水位 5 月末以前不低于 155.00m，以保证上游航道必要的水深。

三峡工程运行初期及正常运行时水位变化见图 8.6。

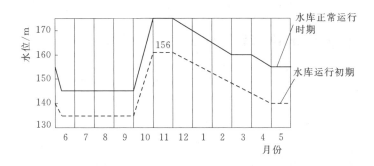

图 8.6 三峡工程运行的水位变化示意图

三峡工程于 2003 年 6 月开始围堰蓄水，2006 年 6 月大坝开始初期蓄水，在 2006 年 10 月 1 日至 2008 年 9 月 30 日期间，三峡坝前水位按 156.00m—135.00m—140.00m（正常蓄水位—防洪限制水位—枯季消落低水位，下同）方式运用；2008 年 10 月 1 日至 2009 年 9 月 30 日期间，三峡坝前水位按 172.00m—143.00m—152.00m 方式运用；而 2009 年以后，三峡枢纽采用正常蓄水位 175.00m 运用方案。

8.2.3.2 三峡上游控制性水库

2015 年之前运行的三峡上游控制性水库主要包括溪洛渡水电站及向家坝水电站，这两个水库对三峡入库径流泥沙的拦蓄作用十分显著。

其中溪洛渡水电站位于青藏高原、云贵高原向四川盆地的过渡带，地处四川省雷波县与云南永善县接壤的溪洛渡峡谷段，是金沙江下游河段开发规划中的第 3 个梯级，也是《长江流域综合利用规划要点报告》推荐的金沙江开发第一期工程之一。该枢纽以发电为主，兼有防洪、拦沙和改善下游航运条件等综合效益，并可为下游电站进行梯级补偿。其主要为华东、华中地区供电，兼顾川、滇两省用电需要，是金沙江"西电东送"距离最近的骨干电源之一，也是金沙江上最大的一座水电站。溪洛渡水电站是金沙江下游 4 个巨型水电站中最大的一个，总装机容量为 1260 万 kW，年发电量 571.2 亿 kW·h 位居世界第三，相当于 3 个半葛洲坝，是中国第二大水电站。溪洛渡水利枢纽工程的正常蓄水位为 600.00m，死水位为 540.00m，而汛限水位为 560.00m。

向家坝水电站是金沙江下游河段开发规划中的最末一个梯级电站，坝址位于云南省水富县（右岸）和四川省宜宾县（左岸）的金沙江下游河段上，上距溪洛水渡电站坝址 157km，下距水富县城区 1.5km、宜宾市区 33km。该水电站左右岸分别安装了 4 台 80 万 kW 机组，装机容量 640 万 kW 仅次于三峡、溪洛渡水电站，为中国第三大水电站。向家坝水电站的正常蓄水位为 380.00m，死水位为 370.00m，而汛限水位为 370.00m。

8.3　三峡工程运用对鄱阳湖水位的影响

三峡工程蓄水期间，由于下泄水量的减少而引起长江湖口水位的降低，将同时引起鄱阳湖出流加大、湖区水位的下降。三峡工程运用后对鄱阳湖影响的核心问题是鄱阳湖水位的变化，定量预测三峡工程运行对鄱阳湖水位的影响是本书研究的重要内容。为此，在已有长江河段一维水沙数学模型计算分析成果基础上，本阶段重点研究三峡工程蓄、泄水量的变化对鄱阳湖水位的影响，并研究对鄱阳湖水流特性影响。

8.3.1　定床试验研究内容

依据三峡工程初设报告，三峡工程正常的调度运行方式为 6 月初腾空防洪库容，水库水位降至防洪限制水位 145.00m，期间水库下泄流量大于入库流量；汛期 6—9 月，水库低水位运行，当入库流量小于调度流量时，水库下泄流量等于入库流量，当入库流量较大时，根据下游防洪需要，水库蓄水调峰，水位抬高，洪峰过后，库水位仍降至 145.00m；水库每年从 10 月开始蓄水（后改为 9 月 10 日开始蓄水），蓄至正常蓄水位 175.00m，蓄水期间下泄流量减少，少数年份，这一蓄水过程延续到 11 月；12 月至次年 4 月，水库按电网要求放水，流量小于电站保证出力对流量的要求时，动用调节库容，出库流量大于入库流量，库水位 5 月末以前不得低于 155.00m，以保证上游航道必要的水深，6 月上旬水位降至 145.00m 汛限水位。

为了研究三峡工程运用后长江与鄱阳湖的江湖关系，揭示鄱阳湖江湖间水动力相互影响的内在机理，选取对鄱阳湖水情影响显著的典型水文年，通过鄱阳湖定床模型重点研究三峡蓄水前后不同时期（增泄期、蓄水期和枯水期）三峡工程运用对湖区水位影响规律。

8.3.2　定床试验条件

（1）试验水流条件的选取。根据三峡工程蓄水前的长系列 1952—2007 年间各站多年平均流量的统计分析，长江沿程各站在此期间没有明显的增加或减少趋势，根据统计分析结果，拟选择近期 1981—2002 年作为典型年的备选系列；针对鄱阳湖区的研究，选取的典型年侧重于考虑汉口站和鄱阳湖五河的水文特征，按丰、中、枯的特征选取 1986 年（江枯湖枯）、2000 年（江平湖平）、1998 年（江丰湖丰）的典型水文年作为对湖区影响显著的典型水文年（表 8.5）。

表 8.5　　　　　　　　　　选取的典型年水文特征统计

典型年	项　目	长江上游	洞庭湖水系		长江中游	鄱阳湖水系	
		宜昌	四水	七里山	汉口	五河	湖口
1986 年	丰平枯	枯水年		枯水年	枯水年	枯水年	枯水年
	年均流量/(m³/s)	12098		6297	18720		3130
	占多年均值比例/%	88.6		68.5	83.0		66.1
2000 年	丰平枯	平水年	平水年	平水年	平水年	平水年	平水年
	年均流量/(m³/s)	14900	5282	8189	23464	3294	4502
	占多年均值比例/%	109.1	98.7	89.1	104.1	93.6	95.1
1998 年	丰平枯	丰水年	丰水年	丰水年	丰水年	丰水年	丰水年
	年均流量/(m³/s)	16592	6975	12675	28754	5950	8392
	占多年均值比例/%	121.4	130.4	138.0	127.5	169.1	177.3
多年平均	1952—2006 年	13662	5351	9187	22549	3518	4734

根据宜昌至大通河段江湖河网一维非恒定流数学模型的计算成果，确定鄱阳湖定床模型试验进出口试验条件。

数学模型计算方案包括：①三峡建库前方案：采用各典型年宜昌站实测流量过程，不考虑三峡工程的调度，在现状地形上（长江干流为 2006 年实测地形，鄱阳湖区为 1998 年实测地形，下同），采用江湖河网一维非恒定流数学模型，进行长江至大通河段（含洞庭湖和鄱阳湖）的江湖水流演进计算；②三峡建库后方案：将各典型年宜昌站实测流量过程，考虑初步设计阶段确定的三峡工程正常运行方式对其进行调度后，在现状地形上，采用江湖河网一维非恒定流数学模型，进行长江至大通河段（含洞庭湖和鄱阳湖）的江湖水流演进计算。各典型年有无三峡调度宜昌站流量过程见图 8.7。

定床模型试验进、出口边界条件由长江科学院数学模型计算成果提供：①三峡建库前方案，模型试验的长江干流进口流量、出口水位分别采用不考虑

图 8.7　三峡调蓄后的宜昌站 1986 年、2000 年、1998 年流量过程

三峡调度时数学模型计算得到的 CJ1 断面的流量和 CJ5 断面的水位成果，五河流量采用同步实测水文资料；②三峡建库后方案，模型试验的长江干流进口流量、出口水位分别采用考虑三峡工程调度后数学模型计算的 CJ1 断面的流量和 CJ5 断面的水位成果，五河流量采用同步实测天然资料。

（2）试验工况。根据三峡工程调度方案，1986 年、1998 年、2000 年典型年的增泄期为 5 月 16 日至 6 月 12 日，蓄水期为 10 月 1—31 日。结合数学模型计算结果：

一方面，分别选择增泄期和蓄水期三峡建库前后长江进口平均流量、长江出口平均水位、湖口平均流量作为边界条件，反映三峡建库后长江在增泄期和蓄水期的水情的总体变化情况。

另一方面，从三峡建库前后长江出口日均水位变化数据中，找出增泄期和蓄水期长江出口水位变化的最大值和最小值，将当日的长江、湖口水情作为边界条件，反映增泄期和蓄水期湖区水流运动的极端个别情况。

另外，1986 年、1998 年和 2000 年的枯水期三峡工程将增大下泄流量，进行枯季补偿调度，将对鄱阳湖区的水位产生影响，故选择流量最枯的 1 月、2 月份水沙资料，分别找出建库前长江出口水位最低值、长江进口流量最小值、及建库后长江出口水位变化最大值等三种工况，将当日的长江、湖口水情作为边界条件，模拟枯水期湖区水流运动情况，反映三峡工程运用对鄱阳湖水位的影响范围及幅度。

具体试验工况详见表 8.6。

表 8.6　　　　典型年增泄期、蓄水期和枯水期定床模型试验工况

典型年	工况		三峡建库前			三峡建库后		
			流量/(m³/s)		水位/m	流量/(m³/s)		水位/m
			长江进口	湖口	长江出口	长江进口	湖口	长江出口
1986 年（枯水年）	增泄期（05-25—06-10）	$\Delta H_{max}=0.89m$（6 月 8 日）	20918	3820	9.77	23635	3820	10.66
		$\Delta H_{min}=-0.23m$（5 月 29 日）	18821	3030	9.15	17616	3030	8.92
		$\Delta H_{avg}=0.35m$（平均值）	19390	3539	9.36	20577	3539	9.71
	蓄水期（10-01—10-31）	$\Delta H_{max}=-3.57m$（10 月 24 日）	20988	1540	9.84	11294	1540	6.27
		$\Delta H_{min}=-0.08m$（10 月 1 日）	26980	3900	11.80	26828	3900	11.72
		$\Delta H_{avg}=-2.14m$（平均值）	21884	2230	10.36	14935	2230	8.22
	枯水期（01-01—02-28）	最低水位（2 月 5 日）	7890	922	4.85	8830	922	5.50
		最小流量（2 月 1 日）	7111	1040	4.94	8592	1040	5.51
		最大水位差（2 月 20 日）	7611	1540	4.94	8761	1540	5.66

续表

典型年	工况		三峡建库前			三峡建库后		
			流量/(m³/s)		水位/m	流量/(m³/s)		水位/m
			长江进口	湖口	长江出口	长江进口	湖口	长江出口
1998年（丰水年）	增泄期（05-14 —06-14）	$\Delta H_{max}=1.13m$（6月12日）	24687	6680	11.72	28831	6680	12.85
		$\Delta H_{min}=-0.30m$（5月16日）	32574	2910	12.44	30451	2910	12.14
		$\Delta H_{avg}=0.90m$（平均值）	28517	6718	12.23	30328	6718	13.13
	蓄水期（10-01 —11-14）	$\Delta H_{max}=-2.13m$（10月23日）	24562	5500	12.18	21262	5500	10.05
		$\Delta H_{min}=-0.05m$（10月1日）	36009	10800	13.57	36151	10800	13.52
		$\Delta H_{avg}=-1.18m$（平均值）	24528	6448	12.39	19932	6448	11.21
	枯水期（01-01 —02-29）	最低水位（1月1日）	15464	6600	8.49	15540	6600	8.48
		最小流量（1月6日）	12386	6750	8.94	13002	6750	9.05
		最大水位差（2月21日）	12677	8780	9.23	14849	8780	9.94
2000年（中水年）	增泄期（05-25 —06-10）	$\Delta H_{max}=1.03m$（6月10日）	28248	5190	11.90	34067	5190	12.93
		$\Delta H_{min}=0.72m$（6月4日）	22011	5940	10.73	27004	5940	11.45
		$\Delta H_{avg}=0.85m$（平均值）	19973	4482	9.85	24032	4482	10.70
	蓄水期（10-01 —10-31）	$\Delta H_{max}=-2.89m$（10月22日）	30574	5440	13.29	21262	5440	10.40
		$\Delta H_{min}=-0.05m$（10月2日）	36280	2300	13.57	36306	2300	13.52
		$\Delta H_{avg}=-1.56m$（平均值）	34513	4273	13.57	27016	4273	12.01
	枯水期（01-01 —02-29）	最低水位（2月18日）	8387	1830	5.57	10076	1830	5.95
		最小流量（2月17日）	8170	1660	5.58	9826	1660	5.99
		最大水位差（2月29日）	10197	2940	6.55	11903	2940	7.31

注　长江出口指的模型尾门位置。

8.3.3　定床试验观测内容

试验观测各典型流量级工况下鄱阳湖五河尾闾、湖区、入江水道、长江干流段沿程水位和入江水道和长江干流河段典型断面流速分布。测流断面主要布置在长江干流段、入江水道及湖区段，其中长江干流布置 5 个（其中汊道 2 个）、湖区入江水道布置 4 个、湖区布置 4 个及都昌站、星子站、湖口站和长江尾门。

8.4　三峡工程运用前后鄱阳湖水位变化

8.4.1　三峡工程增泄期鄱阳湖水位变化分析

根据三峡工程调度方案，从 5 月 25 日至 6 月 10 日为水库增泄期，5 月

底坝前水位需下降到 155.00m，6 月 10 日水位需下降到 145.00m，5 月至 6
月上旬水库将加大出流。表 8.7～表 8.9 为三峡建库前后鄱阳湖增泄期水位
变化。

表 8.7　　　　　　　　　三峡建库前鄱阳湖增泄期水位情况

典型年	工　况	各站水位/m			
		都昌站	星子站	湖口站	长江尾门
1986 年	最大水位差（6 月 8 日）	10.95	10.50	10.07	9.77
	最小水位差（5 月 29 日）	10.55	9.97	9.39	9.15
	平均值	10.90	10.30	9.65	9.36
2000 年	最大水位差（6 月 10 日）	12.78	12.28	12.24	11.90
	最小水位差（6 月 4 日）	12.20	11.58	11.00	10.73
	平均值	11.36	10.72	10.10	9.85
1998 年	最大水位差（6 月 10 日）	12.69	12.16	11.93	11.72
	最小水位差（5 月 16 日）	13.30	12.60	12.43	12.44
	平均值	13.40	12.94	12.62	12.23

表 8.8　　　　　　　　　三峡建库后鄱阳湖增泄期水位情况

典型年	工　况	各站水位/m			
		都昌站	星子站	湖口站	长江尾门
1986 年	最大水位差（6 月 8 日）	11.25	11.10	10.90	10.66
	最小水位差（5 月 29 日）	10.45	9.80	9.16	8.92
	平均值	10.90	10.40	10.00	9.71
2000 年	最大水位差（6 月 10 日）	13.41	13.07	13.18	12.93
	最小水位差（6 月 4 日）	12.43	12.06	11.70	11.45
	平均值	11.76	11.37	10.93	10.70
1998 年	最大水位差（6 月 10 日）	13.65	13.18	13.04	12.85
	最小水位差（5 月 16 日）	13.15	12.39	12.15	12.14
	平均值	14.00	13.64	13.43	13.13

表 8.9　　　　　　　　　三峡建库前后鄱阳湖增泄期水位差情况

典型年	工　况	各站水位差/m			
		都昌站	星子站	湖口站	长江尾门
1986 年	最大水位差（6 月 8 日）	0.3	0.6	0.83	0.89
	最小水位差（5 月 29 日）	−0.1	−0.17	−0.23	−0.23
	平均值	0	0.1	0.35	0.35

续表

典型年	工　况	各站水位差/m			
		都昌站	星子站	湖口站	长江尾门
2000 年	最大水位差（6 月 10 日）	0.63	0.79	0.94	1.03
	最小水位差（6 月 4 日）	0.23	0.48	0.7	0.72
	平均值	0.40	0.65	0.83	0.85
1998 年	最大水位差（6 月 10 日）	0.96	1.02	1.11	1.13
	最小水位差（5 月 16 日）	−0.15	−0.21	−0.28	−0.3
	平均值（平均值）	0.60	0.70	0.81	0.90

注　1. 增泄期指每年 5 月 25 日至 6 月 10 日。
　　2. "−"为降低，"+"升高。

从表 8.7～表 8.9、图 8.8～图 8.10 可以看到，1986 年、1998 年和 2000年典型水文年条件下，都昌站、星子站、湖口站、长江尾门水位受水库预泄流量改变的影响成渐变规律，即依次增大或减小，鄱阳湖区各站水位变幅为−0.30～1.13m。

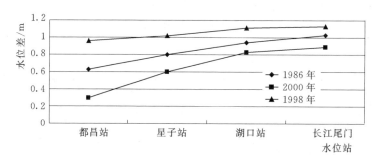

图 8.8　增泄期-最大水位差各水位站水位变化

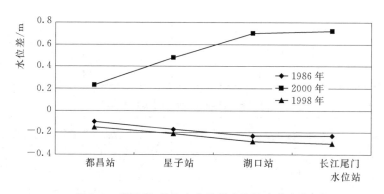

图 8.9　增泄期-最小水位差各水位站水位变化

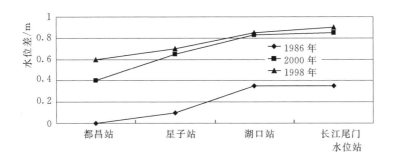

图 8.10 增泄期-平均值各水位站水位变化

从湖区水位站变化幅度可知：长江尾门水位变幅为-0.30～1.13m，湖口站水位变幅为-0.28～1.11m，星子站水位变幅为-0.21～1.02m，都昌站水位变幅为-0.15～0.96m。由此可见，三峡水利枢纽增泄期长江尾门水位变幅要略大于湖口站，湖口水位变幅要大于星子站，而星子站水位变幅又要大于都昌站。即从湖口向湖区方向，水位变幅逐渐减小。

从各水文年变化幅度来看，丰水年水位变幅、中水年水位变幅、枯水年变幅依次减小。1986 年长江尾门水位平均抬升 0.35m，湖口站水位平均抬升 0.35m，星子站水位平均抬升 0.10m，都昌站平均抬升 0m，由此可见，枯水年三峡水利枢纽增泄期对鄱阳湖区水位的影响主要在湖口站，到星子站水位变化已很小，都昌站基本不受影响；2000 年长江尾门水位平均抬升 0.85m，湖口站水位平均抬升 0.83m，星子站水位平均抬升 0.65m，都昌站平均抬升 0.40m，说明中水年三峡水利枢纽增泄期对鄱阳湖区水位的影响范围从湖口站到都昌站，但影响幅度逐渐减小；1998 年长江尾门水位平均抬升 0.9m，湖口站水位平均抬升 0.85m，星子站水位平均抬升 0.70m，都昌站平均抬升 0.60m，说明丰水年三峡水利枢纽增泄期对鄱阳湖区水位的影响范围从湖口站到都昌站，但影响幅度逐渐减小。

8.4.2 三峡水利枢纽蓄水期鄱阳湖水位变化分析

10月三峡工程开始蓄水，蓄水期间流量比三峡工程调度前流量减少，相应鄱阳湖水位下降。表 8.10～表 8.12、图 8.11～图 8.13 为各典型年三峡蓄水时期鄱阳湖水位变化情况。

从表 8.12 中可以看到，1986 年、2000 年和 1998 年典型水文年条件下，受水库蓄水的影响，鄱阳湖区各站水位均发生下降，变幅为-0.01～-3.58m。

表 8.10　　　　　　　　三峡建库前鄱阳湖蓄水期水位情况

典型年	工　况	各站水位/m			
		都昌站	星子站	湖口站	长江尾门
1986 年	最大水位差（10 月 24 日）	10.03	10.01	9.97	9.84
	最小水位差（10 月 1 日）	12.42	12.26	12.10	11.80
	平均值	10.98	10.82	10.56	10.36
2000 年	最大水位差（10 月 23 日）	14.07	13.79	13.52	13.29
	最小水位差（10 月 1 日）	14.05	13.94	13.79	13.57
	平均值	14.03	13.91	13.80	13.57
1998 年	最大水位差	12.82	12.75	12.42	12.18
	最小水位差（10 月 2 日）	14.05	13.94	13.79	13.57
	平均值	13.11	12.96	12.78	12.39

表 8.11　　　　　　　　三峡建库后鄱阳湖蓄水期水位情况

典型年	工　况	各站水位/m			
		都昌站	星子站	湖口站	长江尾门
1986 年	最大水位差（10 月 24 日）	7.45	7.23	6.39	6.27
	最小水位差（10 月 1 日）	12.36	12.18	12.02	11.72
	平均值	10.04	9.24	8.46	8.22
2000 年	最大水位差（10 月 23 日）	12.05	11.34	10.64	10.40
	最小水位差（10 月 1 日）	14.04	13.90	13.74	13.52
	平均值	13.19	12.76	12.28	12.01
1998 年	最大水位差	11.43	11.05	10.31	10.05
	最小水位差（10 月 2 日）	14.03	13.90	13.74	13.52
	平均值	12.53	12.02	11.66	11.21

表 8.12　　　　　　　三峡建库前后鄱阳湖蓄水期水位差情况

典型年	工　况	各站水位差/m			
		都昌站	星子站	湖口站	长江尾门
1986 年	最大水位差（10 月 24 日）	−2.58	−2.78	−3.58	−3.57
	最小水位差（10 月 1 日）	−0.06	−0.08	−0.08	−0.08
	平均值	−0.94	−1.58	−2.1	−2.14
2000 年	最大水位差（10 月 23 日）	−2.02	−2.45	−2.88	−2.89
	最小水位差（10 月 1 日）	−0.01	−0.04	−0.05	−0.05
	平均值	−0.84	−1.15	−1.52	−1.56

续表

典型年	工　况	各站水位差/m			
		都昌站	星子站	湖口站	长江尾门
1998 年	最大水位差	−1.39	−1.7	−2.11	−2.13
	最小水位差（10 月 2 日）	−0.02	−0.04	−0.05	−0.05
	平均值	−0.58	−0.94	−1.12	−1.18

注　1. 蓄水期指每年 5 月 25 日—6 月 10 日；
　　2. "−"为降低，"+"为升高。

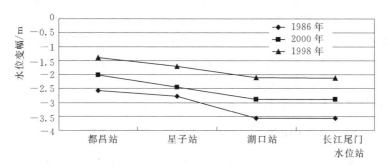

图 8.11　蓄水期-最大水位差各水位站水位变化

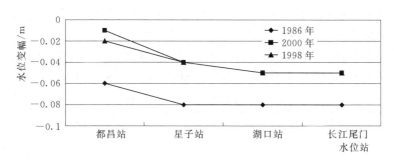

图 8.12　蓄水期-最小水位差各水位站水位变化

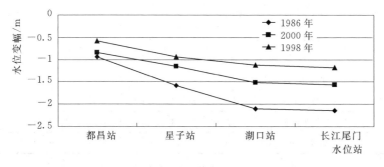

图 8.13　蓄水期-平均值各水位站水位变化

从湖区水位站变化幅度来看，长江尾门水位变幅为 $-0.05\sim-3.57$m，湖口站水位变幅为 $-0.05\sim-3.58$m，星子站水位变幅为 $-0.04\sim-2.78$m，都昌站水位变幅为 $-0.02\sim-2.58$m。从图 8.11～图 8.13 可知，在三峡水利枢纽蓄水期长江尾门水位变幅大于湖口站水位变幅，湖口站的水位变幅度也大于星子站，而星子站水位变幅又要大于都昌站。即从湖口向湖区方向，水位变幅逐渐减小。

从各水文年变化幅度来看，1986 年湖口站水位平均降低 2.1m，星子站水位平均降低 1.58m，都昌站水位平均降低 0.94m，说明枯水年三峡水利枢纽蓄水期对鄱阳湖区水位的影响在湖口站较大，至都昌站水位影响明显减小；2000 年湖口站水位平均降低 1.52m，星子站水位平均降低 1.15m，都昌站水位平均降低 0.84m，说明中水年三峡水利枢纽蓄水期对鄱阳湖区水位的影响在湖口站要小于枯水年情况；1998 年湖口站水位平均降低 1.12m，星子站水位平均降低 0.94m，都昌站水位平均降低 0.58m，说明中水年三峡水利枢纽蓄水期对鄱阳湖区水位的影响在湖口站要小于枯水年情况。

8.4.3 三峡水利枢纽枯水期鄱阳湖水位变化分析

1—2 月为长江枯季，宜昌上游来流小于三峡工程发电保证出力所需流量，经三峡工程调节后下泄流量相比水库运用前增大，导致鄱阳湖各站水位有所抬升。1986 年（枯水年）、2000 年（中水年）和 1998 年（丰水年）枯水期鄱阳湖水位及其变化见表 8.13～表 8.15，图 8.14～图 8.16。

从上表和上图可以看到，1986 年、2000 年和 1998 年三个典型水文年条件下，受水库发电调节的影响，鄱阳湖区各站水位变幅为 $-0.01\sim0.76$m。

表 8.13 三峡建库前鄱阳湖枯水期水位情况

典型年	工 况	各站水位/m			
		都昌站	星子站	湖口站	长江尾门
1986 年	最低水位（2 月 5 日）	8.26	6.34	5.12	4.85
	最小流量（2 月 1 日）	8.35	6.43	5.21	4.94
	最大水位差（2 月 20 日）	8.47	7.00	5.23	4.94
2000 年	最低水位（2 月 18 日）	8.32	7.03	5.76	5.57
	最小流量（2 月 17 日）	8.35	7.10	5.79	5.58
	最大水位差（2 月 29 日）	10.10	8.40	6.80	6.55
1998 年	最低水位（1 月 1 日）	11.69	11.19	8.84	8.49
	最小流量（1 月 6 日）	12.01	11.51	9.30	8.94
	最大水位差（2 月 21 日）	14.07	11.78	9.70	9.23

表 8.14 三峡建库后鄱阳湖枯水期水位情况

典型年	工 况	各站水位/m			
		都昌站	星子站	湖口站	长江尾门
1986 年	最低水位（2 月 5 日）	8.26	6.52	5.75	5.50
	最小流量（2 月 1 日）	8.35	6.60	5.76	5.51
	最大水位差（2 月 20 日）	8.47	7.24	5.93	5.66
2000 年	最低水位（2 月 18 日）	8.32	7.23	6.12	5.95
	最小流量（2 月 17 日）	8.35	7.30	6.20	5.99
	最大水位差（2 月 29 日）	10.25	8.91	7.53	7.31
1998 年	最低水位（1 月 1 日）	11.69	11.19	8.83	8.48
	最小流量（1 月 6 日）	12.01	11.55	9.38	9.05
	最大水位差（2 月 21 日）	14.39	12.38	10.39	9.94

表 8.15 三峡建库前后鄱阳湖枯水期水位差情况

典型年	工 况	各站水位差/m			
		都昌站	星子站	湖口站	长江尾门
1986 年	最低水位（2 月 5 日）	0	0.18	0.63	0.65
	最小流量（2 月 1 日）	0	0.17	0.55	0.57
	最大水位差（2 月 20 日）	0	0.24	0.7	0.72
2000 年	最低水位（2 月 18 日）	0	0.2	0.36	0.38
	最小流量（2 月 17 日）	0	0.2	0.41	0.41
	最大水位差（2 月 29 日）	0.15	0.51	0.73	0.76
1998 年	最低水位（1 月 1 日）	0	0	−0.01	−0.01
	最小流量（1 月 6 日）	0	0.04	0.08	0.11
	最大水位差（2 月 21 日）	0.32	0.6	0.69	0.71

注 1. 增泄期指每年 5 月 25 日—6 月 10 日；
2. "−"为降低，"+"为升高。

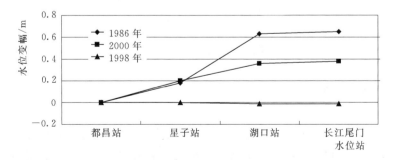

图 8.14 枯水期-最低水位各水位站水位变化

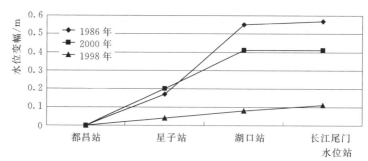

图 8.15　枯水期-最小流量各水位站水位变化

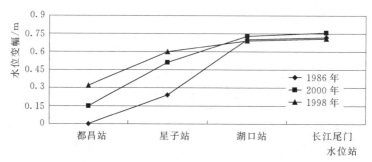

图 8.16　枯水期-最大水位差各水位站水位变化

从湖区水位站变化幅度来看，在三峡工程枯水期长江尾门水位变幅最大，湖口站的水位变化幅度要大于星子站，都昌站水位基本无影响。长江尾门水位变幅为−0.01∼0.76m 湖口站水位变幅为 0.08∼0.73m，星子站水位变幅为0.04∼0.60m，都昌站水位变幅为 0∼0.32m。

从各水文年变化幅度来看，湖口站枯水年水位变幅要大于中水年，中水年水位变化要大于丰水年。星子站丰水年、中水年、枯水年水位变幅依次增大，都昌站水位仅在中水年、丰水年略有影响。1986 年长江尾门水位升高 0.57∼0.72m，湖口站水位升高 0.55∼0.70m，星子站水位升高 0.17∼0.24m，都昌站水位无影响；2000 年长江尾门水位升高 0.38∼0.76m，湖口站水位升高0.36∼0.73m，星子站水位升高 0.20∼0.51m，都昌站水位升高 0∼0.15m；1998 年长江尾门水位升高−0.01∼0.71m，湖口站水位升高−0.01∼0.69m，星子站水位升高 0∼0.6m，都昌站水位升高 0∼0.32m。

8.5　研究结论

为了评估和研究三峡工程运用对鄱阳湖的影响，本书依据数模计算，选取典型水文年，并确定工况，并利用物理模型试验的方法确定各个工况下鄱阳湖湖区水位变化情况。本书取都昌站水位作为鄱阳湖湖区水位，得出以下几点结论：

(1) 从总体变化角度看：①三峡水利枢纽增泄期，受三峡水利枢纽出流增大的影响，鄱阳湖区水位出现了不同程度的抬高，鄱阳湖区各站水位变幅在 $-0.3 \sim 1.13$ m 之间，从湖口向湖区方向，水位抬高幅度逐渐减小。枯水年对鄱阳湖区水位的影响主要在湖口站，湖区水位不受影响；中水年对鄱阳湖区（都昌站）水位有所抬高，平均抬高 0.4m；丰水年对鄱阳湖区（都昌站）水位有所抬高，平均抬高 0.6m。②三峡水利枢纽蓄水期，由于三峡水利枢纽出库流量减少，鄱阳湖区水位明显降低，鄱阳湖区各站水位降幅在 $-0.01 \sim 3.58$ m 之间；从湖口向湖区方向，水位降幅逐渐减小；枯水年对鄱阳湖区水位有所影响，湖区水位平均降低 0.94m；中水年对鄱阳湖区水位影响较大，湖区水位平均降低 0.84m。由于丰水年鄱阳湖降雨量也较大对鄱阳湖区水位影响较小，都昌站水位平均降低 0.58m。③三峡水利枢纽枯水期，经三峡工程调节后下泄流量相比水库运用前增大，导致鄱阳湖各站水位有所抬升，鄱阳湖区各站水位升高 $-0.01 \sim 0.76$ m；但水位抬高影响范围仅到星子站，对都昌站水位影响甚小。

(2) 从极端个别情况看：①三峡水利枢纽增泄期，取长江水位变化的极端大值，枯水年、中水年、丰水年鄱阳湖湖区水位均有增加，分别为 0.3m、0.63m、0.96m；取极端小值时，中水年鄱阳湖湖区水位上升 0.23m；枯水年、丰水年鄱阳湖湖区水位有少许下降，一定程度上可视为不受影响。②三峡水利枢纽蓄水期，取长江水位变化的极端大值，枯水年、中水年、丰水年鄱阳湖湖区水位均有很大程度的下降，分别为 2.58m、2.02m、1.39m；取极端小值情况，各典型年鄱阳湖湖区水位有少许下降，均在 0.06m 以内，可视为不受影响。③三峡水利枢纽枯水期，取极大值、极小值情况，各典型年的鄱阳湖水位都不受影响。

(3) 三峡工程运用对鄱阳湖江湖关系的影响主要表现在对入江水道段的影响，湖区受到的影响相对较小，湖区面积变化影响与水位变化规律一致。

以上试验成果，没有考虑三峡水利枢纽运用后对河道冲刷的影响。根据长江科学院数学模型计算成果，三峡水利枢纽运用中后期，因河道冲刷引起的湖口站枯水期水位下降约 1m 左右。因此，若考虑三峡水利枢纽运用对河道冲刷的影响，三峡水利枢纽运用后对鄱阳湖湖区水位下降的影响将进一步扩大。

第 9 章

鄱阳湖水利枢纽对江湖关系影响试验

9.1 概述

近年来，受长江水位降低、鄱阳湖入湖水量减少和湖区采砂等因素的影响，鄱阳湖连续出现枯水期低水位时间提前、水位降低、持续时间延长等情况，持续的秋冬季低枯水位已给鄱阳湖区民生、生态环境、社会经济等方面带来严重影响。

一方面，三峡工程运行调度，比如增泄期、蓄水期和枯水期的调度引起了长江水情变化，从而影响鄱阳湖湖区水位及水流特性，改变了长江与鄱阳湖原有的江湖关系。另一方面，拟建鄱阳湖水利枢纽工程采用"调枯畅洪"的调度方式，能适当抬高枯水期湖区水位、增大水域面积，有利于改善湖区生态、水质、灌溉、通航、生活供水和血防条件，同时也将改变原有江湖关系，对长江及鄱阳湖区的洪枯水特性产生影响，从而使长江及鄱阳湖区的防洪、航运、灌溉等方面发生相应调整。

因此，从定量的角度研究三峡工程调度和拟建鄱阳湖枢纽工程对鄱阳湖水情的影响，特别是对鄱阳湖水位的影响具有重要意义。

本章依托已建成的鄱阳湖物理模型，结合一维数学模型给定边界条件，研究三峡工程运行调度前后各典型年不同时段鄱阳湖区水情的影响，特别是湖口水位的定量变化，在此基础上研究拟建鄱阳湖水利枢纽对防洪和枯水期水情的影响。研究成果有助于对三峡工程和拟建鄱阳湖水利枢纽对鄱阳湖区水情的影响的定量的认识和宏观把握，深入揭示鄱阳湖江湖关系，为鄱阳湖综合治理方案制定和实施提供科学依据和技术支撑。

9.2 鄱阳湖水利枢纽概况

鄱阳湖水利枢纽（图 9.1）工程为开放式全闸工程，汛期闸门全开，不发挥作用，只是在汛末对湖区水位进行控制，寻求洪水资源化利用，缓解湖区水位下降过快造成的不利影响。

图 9.1　鄱阳湖水利枢纽模型

9.2.1　枢纽布置

鄱阳湖水利枢纽位于鄱阳湖入江水道长岭—屏峰山段，闸址湖面宽约 3km。工程目前正处于可研阶段，枢纽布置格局自左至右依次为：船闸、泄水闸段及鱼道段，轴线总长 2993.6m，闸顶高程为 23.40m（图 9.2）。

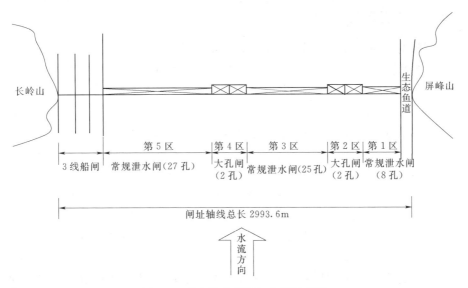

图 9.2　鄱阳湖水利枢纽布置示意图

9.2.2 调度原则

根据鄱阳湖水利枢纽的设计理念及工程特性，拟定鄱阳湖水利枢纽的调度原则如下。

（1）调枯不控洪的原则。汛期枢纽泄水闸门全部敞开，江湖连通，维持鄱阳湖泄（蓄）洪功能；枯期对湖水位适度调控，以适应经济社会发展和生态环境保护的要求。

（2）基本恢复控制性工程运用前江湖关系的原则。通过枢纽工程调节，基本消除长江上游干支流控制性水利枢纽蓄水期对鄱阳湖水位变化的影响，达到恢复和科学调整江湖关系、提高鄱阳湖的经济和生态承载能力的目的。

（3）与控制性工程联合运用的原则。在长江中上游控制性工程蓄水前，通过枢纽适度拦蓄水量，合理利用洪水资源，改善湖区枯期水资源利用条件，发挥灌溉、供水、航运等效益，减轻控制性工程蓄水对下游的影响。

（4）工程综合影响最小的原则。综合考虑工程对水资源综合利用、水生态环境保护的作用和影响，合理拟定枢纽的枯期水位控制及运行调度方式，尽量使工程的不利影响减至最小。

（5）水资源统一调度的原则。在干流下游遭遇特枯水时，按照水资源调度要求实施补水调度，发挥应急水源作用；选择适当时机进行血防调度，发挥灭螺作用。

9.2.3 调度方案

鄱阳湖水利枢纽工程运行采取"调枯不控洪"运行方式，汛期保持江湖相通，发挥鄱阳湖天然调洪作用，在枯水期则闸控蓄放水。设计单位初步推荐如下调度方案（图 9.3）。

（1）江湖连通期（3 月底至 8 月底）。闸门全开，江湖连通，江湖水流、物质、能量自由交换，不改变鄱阳湖作为长江洪水天然调蓄器的功能。

（2）枢纽蓄水期（9 月 1—15 日）。9 月 1—15 日，利用长江高水位期间，下闸节制湖水位，至 15 日水位一般控制在 14.00～15.00m。

（3）三峡工程蓄水期（9 月 15 日至 10 月底）。9 月 15 日至 10 月 10 日，湖水位降至 12.00m；10 月 10—31 日，水位由 12.00m 降至 11.00m。

（4）补偿调节期（11 月 1 日—1 月 10 日）。11 月 1 日至次年 1 月 10 日，水位在 11.00m 波动。

（5）低枯水期（1 月 10 日—3 月 31 日）。1 月 10 日—2 月 10 日，湖区水位由 11.00m 降至 10.00m；2 月 10 日—3 月 10 日，湖水位节制在 10.00～11.00m 之间；3 月 10 日起，视长江、鄱阳湖来水情况逐渐调至天然情况（防

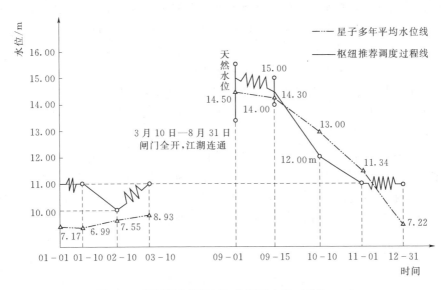

图 9.3 鄱阳湖水利枢纽初步调度方案（单位：m）

止水位骤降），当来水量较大时，闸门全开。

（6）血防调度。待枢纽工程按上述调度方式运行一段时间，对湖区湿地、鱼类的影响规律有深入研究后，再选取一个合适的典型年，保持 3—10 月水位不低于 14.00m，进行一次血防调度，最大限度地杀灭钉螺。

随着对湖区各种需求进一步深入研究，枢纽调度方案将进一步完善。

此处说明一点，当星子站水位高于调度值时，按天然水位运行。

9.3 鄱阳湖水利枢纽对鄱阳湖水情的影响

拟建鄱阳湖水利枢纽在三峡枢纽汛后蓄水前拦蓄部分丰水资源，并在三峡枢纽蓄水期间加大闸址泄量，一方面能够缓解三峡工程蓄水对长江湖口以下河段水资源的影响，另一方面也解决了鄱阳湖区加快出流的问题。通过水利枢纽调度，可有效控制三峡蓄水及影响期间的鄱阳湖区水位，减缓湖区水位下降过快的趋势，维持湖区水位自然下降过程，有利于湖区湿地生态系统保持良性状态以及湖区取水工程设施的取水。因此，鄱阳湖水利枢纽工程修建对鄱阳湖湿地、生态和水资源利用等具有重要意义。然而鄱阳湖水利枢纽的建设也将改变原有的江湖关系和鄱阳湖区的水流特性，对鄱阳湖区的防洪、航运、灌溉等方面产生一定的影响。为此，利用鄱阳湖物理定床模型，重点研究鄱阳湖水利枢纽对鄱阳湖防洪和枯期水情的影响：

（1）根据鄱阳湖水利枢纽的调度方案，鄱阳湖水利枢纽在长江干流汛期闸门全开、江湖连通。但是，由于枢纽的修建改变了枢纽位置原有过水断面形态和面积，因此即使汛期枢纽全开，枢纽依然将改变鄱阳湖湖区和入江水道的水位及水流特性，对鄱阳湖的防洪形势产生影响。故有必要分别研究鄱阳湖最高水位、长江干流遇特大洪峰流量以及鄱阳湖五河流域遇特大洪峰流量三种条件下，鄱阳湖水利枢纽运用前后入江水道及湖区的壅水及流速分布变化等情况，初步揭示鄱阳湖水利枢纽运用对鄱阳湖防洪的影响。

（2）鄱阳湖水利枢纽工程运行采取"调枯不控洪"运行方式，分为枢纽蓄水期、三峡工程蓄水期、补偿调节期和低枯水期四个调度期，因此需要研究鄱阳湖水利枢纽枯期运行调度前后入江水道及湖区的水位及流速分布变化等的情况，初步揭示鄱阳湖水利枢纽运用对鄱阳湖水情的影响。

9.3.1　试验工况

对于鄱阳湖水利枢纽对鄱阳湖防洪的影响研究，选取 1998 年（大水年）作为典型水文年。根据该年长江干流及湖口日均实测流量数据，选取 1998 年 8 月 1 日（当日湖口水位 20.64m）实测水位流量资料作为鄱阳湖最高水位工况的试验条件；选取考虑三峡枢纽运行后 1998 年 6 月 26 日（当日湖口实测日均出流流量 31900m³/s，为该年湖口流量最大值）和 1998 年 7 月 1 日（当日长江干流流量 59630m³/s，为该年长江干流实测日均流量最大值）数学模型出口流量和水位计算值以及当日实测湖口流量，分别作为鄱阳湖五河流域遇特大洪峰流量工况和长江干流遇特大洪峰流量工况的试验条件，其中模型五河进口流量要根据湖口实测日均流量进行修正。具体试验工况见表 9.1。

表 9.1　　鄱阳湖水利枢纽运用汛期对鄱阳湖防洪影响研究试验工况

时　间	流量/（m³/s）									水位/m			
	五河							湖口		长江		长江	
	赣江	抚河	信江	昌江	饶河	修水				进口	出口	进口	出口
	外洲	李家渡	梅港	渡峰坑	虎山	万家埠	虬津	进口	出口				
1998-06-26	11165	3928	5204	5430	3489	1927	758	31900	36058	67958	18.70	17.80
1998-07-01	708	4629	10651	880	585	1846	1800	21100	59630	80730	20.70	19.50
1998-08-01	3380	965	1340	1200	1760	717	3290	13800	68600	82400	21.92	20.64

注　枢纽运用后工况闸门为全开。

对于鄱阳湖水利枢纽对鄱阳湖枯期水情的影响研究，根据枢纽井启方案对下游入江水道流速分布的影响，选取 1986 年（枯水年）作为典型水文年。针对鄱阳湖枢纽调度方案中鄱阳湖枢纽蓄水期、三峡蓄水期、补偿调节期及低枯水期 4 个不同时期确定 4 个工况，4 个工况的试验条件根据 1986 年 9 月 1 日至 1987 年 3 月 10 日期间五河和湖口实测流量以及考虑三峡枢纽运行的数学模型计算成果确定：鄱阳湖枢纽蓄水期工况试验条件选取 9 月 1—15 日星子站水位最低时（9 月 7 日）的五河实测流量以及考虑三峡枢纽运行的数学模型计算得到的九江流量和尾门水位，并根据湖口实测流量进行流量修正；三峡蓄水期、枢纽补偿调节期和低枯水期工况试验条件，分别选取 9 月 16 日—10 月 31 日、11 月 1 日至次年 1 月 10 日和 1 月 11 日—3 月 10 日三个时间段内的五河实测流量平均值以及考虑三峡枢纽运行的数学模型计算得到的九江流量和尾门水位平均值，并根据湖口实测流量对五河流量进行修正。具体试验工况见表 9.2。试验流速测量断面位置见图 9.4。

表 9.2 鄱阳湖水利枢纽典型水文年年内枯水期不同运用时段对
鄱阳湖水情影响研究试验工况

鄱阳湖水利枢纽 不同运行期	流量/（m³/s）									水位/m
	五河							总流量	长江 进口	长江
	赣江 外洲	抚河 李家渡	信江 梅港	昌江 渡峰坑	饶河 虎山	修水				
						万家埠	虬津			
9 月 1—15 日（控制水位高程 15.00m）鄱阳湖枢纽蓄水期	352	189	189	16	90	28	157	1021	24259	10.80
9 月 16 日—10 月 31 日（控制水位高程 12.00m）三峡蓄水期	1121	22	180	77	113	108	651	2272	19415	11.40
11 月 1 日至次年 1 月 10 日（控制水位高程 11.00m）鄱阳湖补偿调节期	765	96	130	29	56	45	268	1389	12256	7.90
1 月 11 日—3 月 10 日（控制水位高程 10.00m）鄱阳湖低枯水期	822	69	154	22	46	42	249	1404	9245	6.80

注 枢纽调控水位局部间隔开启 1～3 号泄水区闸门。

9.3.2 鄱阳湖水利枢纽对湖区防洪的影响

鄱阳湖水利枢纽改变了该断面处的过流面积和过流态势，将对鄱阳湖汛期出流产生一定影响（因仅模拟恒定流，未考虑长江倒灌情况）。

1998 年 6 月 26 日、7 月 1 日和 8 月 1 日三个工况下枢纽运用后闸门全开条件下入江水道及湖区壅水情况见表 9.3。从表中可以看出三个工况条件下最大壅水分别为 0.11m、0.06m 和 0.01m。6 月 26 日工况下的最大壅水高度大

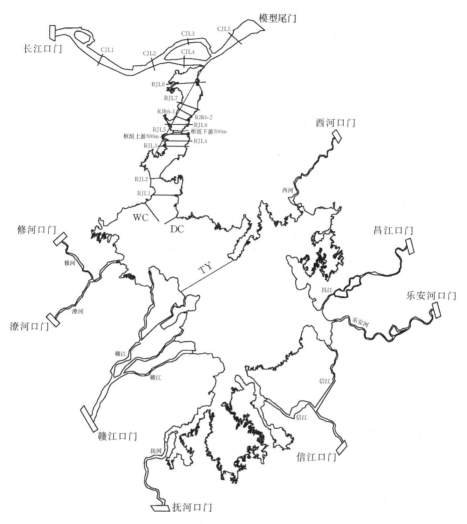

图 9.4 试验测流断面位置图

于 7 月 1 日和 8 月 1 日工况，与五河流量较大有关。

表 9.3　　　　　　汛期工况（1998 年型）湖区壅水统计表　　　　　单位：m

工　　况	枢纽上游 500m	星子	都昌	吴城	南峰	棠荫	龙口	康山	五星	波阳	瑞洪
1998 - 06 - 26	0.11	0.11	0.10	0.10	0.08	0.09	0.09	0.09	0.08	0.08	0.08
1998 - 07 - 01	0.06	0.06	0.05	0.05	0.03	0.04	0.04	0.04	0.04	0.04	0.04
1998 - 08 - 01	0.01	0.00	0.00	0.00	0.00	0.00	0.00	0.00	0.00	0.00	0.00

注　1998 - 06 - 26 工况下长江流量 36058m³/s，湖口流量 31900m³/s；1998 - 07 - 01 工况下长江流量 59630m³/s，湖口流量 21100m³/s。

9.3.3 鄱阳湖水利枢纽对湖区水流特性的影响

（1）汛期。对比 1998 年 6 月 26 日及 7 月 1 日两工况下枢纽运用前后入江水道及湖区各测流断面流速分布（图 9.5～图 9.11、图 9.12～图 9.23），可以得到以下结论：

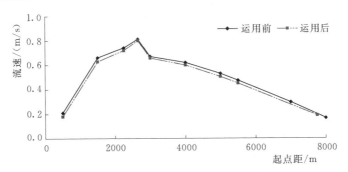

图 9.5　汛期 1998－06－26 工况 RJ1 断面枢纽运用前后流速对比图

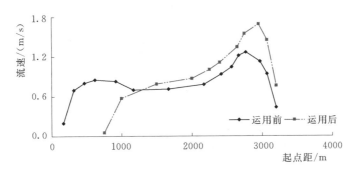

图 9.6　汛期 1998－06－26 工况上游 500m 处断面枢纽运用
前后流速对比图

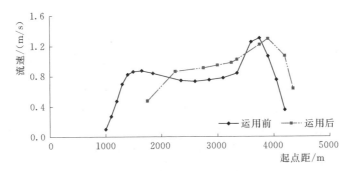

图 9.7　汛期 1998－06－26 工况下游 500m 处断面枢纽运用
前后流速对比图

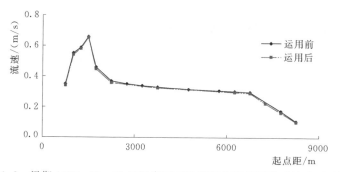

图 9.8 汛期 1998 - 06 - 26 工况湖区 WC 断面枢纽运用前后流速对比图

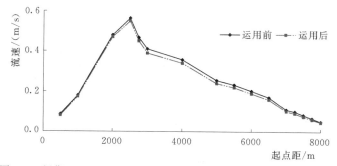

图 9.9 汛期 1998 - 07 - 01 工况 RJ1 断面枢纽运用前后流速对比图

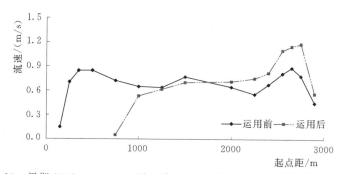

图 9.10 汛期 1998 - 07 - 01 工况上游 500m 处断面枢纽运用前后流速对比图

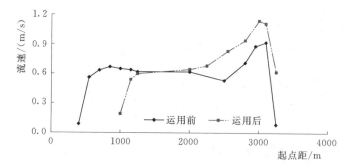

图 9.11 汛期 1998 - 07 - 01 工况下游 500m 处断面枢纽运用前后流速对比图

1）枢纽运用前后，枢纽上下游 3km 范围以外，各测流断面流速分布基本不变，枢纽运用后上游受壅水作用影响，各断面的主流位置基本不变，而测点流速较枢纽运用前有所降低，测点流速降低值一般在 0.02m/s 以内，个别位于滩地的测点流速变化值稍大，约为 0.05m/s，这可能是由于水深较小使该处的流速变得较为敏感。

2）枢纽上下游 500m 处两个断面的流速分布在枢纽运用前后变动较大，断面主流向右偏移最多达 220m，这是因为枢纽左岸的船闸封闭迫使水流由中间和右岸通过。

3）需要注意的是，枢纽运用后入江水道上下游 500m 处两个断面的主流在右移的同时，右岸测流点流速有不同程度的增大，特别是上游 500m 处断面的右岸测流点流速增大值最高达 0.5m/s。考虑枢纽附近左岸缓流区及右岸流速增大区的共同作用，枢纽运用势必会对枢纽附近水道的水动力特性及河床冲淤形势产生影响，因此需要采取一定的预防措施降低不利影响。

（2）枯水期。以 1986 年 9 月 1 日至 1987 年 3 月 10 日期间四个调度时间段内枢纽运用前后入江水道及湖区各测流断面流速分布对比为例，见图 9.12～图 9.23。对比这四个枯水期工况下枢纽前后断面流速分布可以得到以下结论：

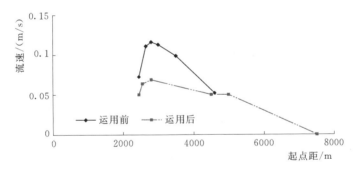

图 9.12 枯水枢纽蓄水期工况 RJ1 断面枢纽运用前后流速对比图

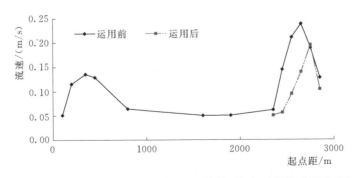

图 9.13 枯水枢纽蓄水期工况上游 500m 处断面枢纽运用前后流速对比图

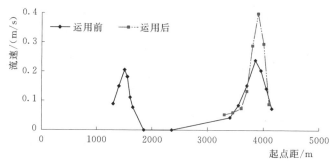

图 9.14 枯水枢纽蓄水期工况下游 500m 处断面枢纽运用前后枢纽流速对比图

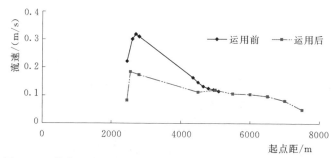

图 9.15 枯水三峡蓄水期工况 RJ1 断面枢纽运用前后流速对比图

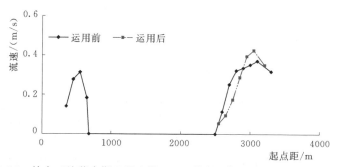

图 9.16 枯水三峡蓄水期工况上游 500m 处断面枢纽运用前后流速对比图

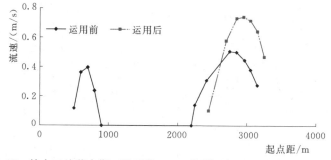

图 9.17 枯水三峡蓄水期工况下游 500m 处断面枢纽运用前后流速对比图

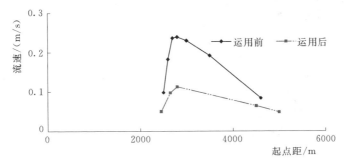

图 9.18　枯水补偿调节期工况 RJ1 断面枢纽运用前后流速对比图

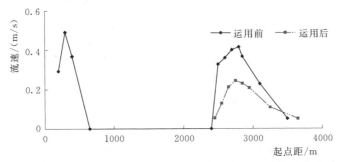

图 9.19　枯水补偿调节期工况上游 500m 处断面枢纽运用前后流速对比图

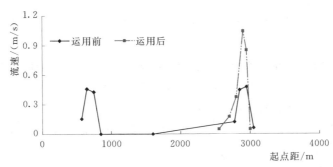

图 9.20　枯水补偿调节期工况下游 500m 处枢纽运用前后断面流速对比图

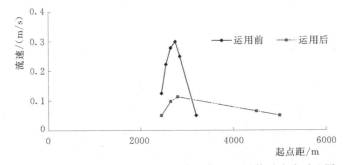

图 9.21　枯水低枯水期工况 RJ1 断面枢纽运用前后流速对比图

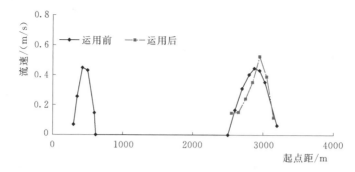

图 9.22　枯水低枯水期工况上游 500m 处断面枢纽运用前后流速对比图

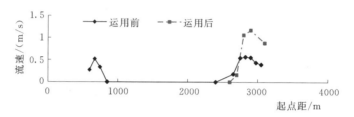

图 9.23　枯水低枯水期工况下游 500m 处断面枢纽运用前后流速对比图

1）受枢纽调度控制的影响，枢纽运用后湖区及枢纽上游入江水道的水位均较运用前有不同程度的抬高，因此枢纽运用后枢纽上游断面一般表现为流速降低。

2）受枢纽调度控制和闸门开启位置影响，枢纽运用后枢纽上下游 3km 范围内主流右移，上下游左右岸两侧形成回流区、缓流区或静水区；枢纽下游 500m 处断面的局部位置流速明显增大。

3）枢纽上游水位抬升，枢纽上游 3km 以外断面流速总体呈现不同幅度的减小；枢纽下游 5km 以外断面流速分布基本不变。

4）同汛期工况，枢纽运用势必会对枢纽附近水道的水动力特性及河床冲淤形势产生影响，因此需要采取一定的预防措施降低不利影响。

9.4　鄱阳湖水利枢纽对长江水情的影响

拟建鄱阳湖水利枢纽可在三峡枢纽汛后蓄水前拦蓄部分丰水资源，并在三峡枢纽蓄水期间控制一定泄流量，在一定程度上能够缓解三峡工程蓄水对长江湖口以下河段水资源的影响，同时也将改变原有的江湖关系和长江湖口以下河段的水流特性。为此，利用鄱阳湖物理定床模型，研究鄱阳湖水利枢纽在其非江湖连通期对长江干流的影响。

具体而言，根据鄱阳湖水利枢纽的调度方案，鄱阳湖水利枢纽工程运行采取"调枯不控洪"运行方式，鄱阳湖水利枢纽在长江干流汛期闸门全开、江湖连通，对长江干流河段不会产生影响。在非江湖连通期水位较低时放闸蓄水，分为枢纽蓄水期、三峡工程蓄水期、补偿调节期和低枯水期四个调度期，控制鄱阳湖水利枢纽的闸前水位势必会对减少湖口长江入流，从而对长江干流产生一定影响。因此有必要研究长江枯水期，鄱阳湖水利枢纽运用对长江干流水位和比降等水流特性的影响，初步揭示鄱阳湖水利枢纽运用对长江干流河段的影响。

9.4.1 试验工况

开展针对鄱阳湖水利枢纽对长江干流河道的影响的模型试验研究，选取2011 年（枯水年）作为典型水文年，采用与鄱阳湖水利枢纽对鄱阳湖水情的影响模型试验研究相同的试验工况，分别针对鄱阳湖枢纽调度方案中非江湖连通期间的鄱阳湖枢纽蓄水期、三峡蓄水期、补偿调节期和低枯水期 4 个不同时期确定 4 个工况。4 个工况的试验条件根据 2011 年 9 月 1 日—2012 年 3 月 10 日期间五河和湖口实测流量：鄱阳湖枢纽蓄水期工况试验条件选取 9 月 1—15 日星子站水位最低时（9 月 14 日）的五河实测流量以及同期九江流量和尾门水位，并根据湖口实测流量进行流量修正；三峡蓄水期、枢纽补偿调节期和低枯水期工况试验条件分别选取 9 月 16 日—10 月 31 日、11 月 1 日至次年 1 月 10 日和 1 月 11 日—3 月 10 日三个时间段内的五河实测流量平均值以及经数学模型计算得到的九江流量和尾门水位平均值，并根据湖口实测流量对五河流量进行修正。具体试验工况见表 9.4。

表 9.4　　　鄱阳湖水利枢纽典型水文年枯水期不同运用时段
对长江水情影响研究试验工况

鄱阳湖水利枢纽 不同运行期	流量/(m³/s)								水位/m	
	五河							总流量	长江 进口	长江
	赣江 外洲	抚河 李家渡	信江 梅港	昌江 渡峰坑	饶河 虎山	修水				
						万家埠	虬津			
9 月 1—15 日（控制水位高程 15.00m）鄱阳湖枢纽蓄水期	1180	8	278	29	78	69	387	2029	30800	7.9
9 月 16 日—10 月 31 日（控制 水位高程 12.00m）三峡蓄水期	1041	47	189	25	58	68	408	1836	18941	8.6
11 月 1 日至次年 1 月 10 日 （控制水位高程 11.00m）鄱阳湖 补偿调节期	710	48	174	15	43	41	243	1274	13724	6.7
1 月 11 日—3 月 10 日（控制水 位高程 10.00m）鄱阳湖低枯水期	2168	483	844	125	259	87	515	4481	11977	7.2

9.4.2 鄱阳湖水利枢纽对长江干流水位和比降的影响

根据鄱阳湖水利枢纽调度方案，其将改变调控非江湖连通期湖口长江出流，对该区域长江干流一定范围内的水位和比降产生一定影响。具体而言：在枢纽蓄水期将闸前水位控制在 15.00m，根据 2011 年星子站实测水位资料表明，工程前该期间水位值在 10.43～12.69m，需紧闭闸门蓄水；在三峡工程蓄水期将闸前水位控制在 11.00～12.00m，工程前该期间星子站水位值在 9.81～13.15m，需择期开启闸门泄水；在补偿调节期将闸前水位控制在 11.00m，工程前该期间星子站水位值在 7.80～11.61m，需紧闭闸门避免泄水；在低枯水期将闸前水位控制在 10.00～11.00m，工程前该期间星子站水位值在 8.01～14.22m，仍需紧闭闸门避免泄水。

分别针对非江湖连通期的四个时期（Ⅰ期——枢纽蓄水期、Ⅱ期——三峡工程蓄水期、Ⅲ期——补偿调节期和Ⅳ期——低枯水期）施放试验水流条件，在Ⅰ期蓄水所需时间及鄱阳湖增蓄量和泄水量见表 9.5。经计算，在选取的该典型年工况下，Ⅰ期间自 2011 年 9 月 1 日开始蓄水，约需 10 天蓄水至闸前水位 15.00m，至此鄱阳湖湖区增蓄约 17.68 亿 m^3 水量；在此之后控制闸前水位，并适当开启闸门泄水，至 15 日末共需泄水约 8.77 亿 m^3；Ⅱ-1 期间自 2011 年 9 月 16 日起至 2011 年 10 月 10 日视闸下水位泄水，约需 12 天泄水 22.78 亿 m^3 至闸前水位 12.00m；Ⅱ-2 期间自 2011 年 10 月 11 日起至 2011 年 10 月 31 日视闸下水位泄水，可在此期间泄水 3.80 亿 m^3 至闸前水位 11.00m。Ⅲ期间经枢纽调控后，鄱阳湖减少泄流约 2.98 亿 m^3；Ⅳ期间经枢纽调控后，鄱阳湖减少泄流约 2.56 亿 m^3。

表 9.5　　　　　　　　　　　非江湖连通期蓄泄水统计表

时期	闸前起水位 /m	闸前终水位 /m	蓄水时间 /d	鄱阳湖增蓄量 /亿 m^3	泄水时间 /d	泄水量 /亿 m^3
Ⅰ	12.85	15	10	17.68	5	8.77
Ⅱ-1	15	12	—	—	12	22.78
Ⅱ-2	12	11	—	—	<20	3.80

非江湖连通期，Ⅰ期和Ⅱ期鄱阳湖水利枢纽闸门根据控制水位需要分别开启和紧闭闸门以泄水和蓄水，均会改变湖口长江入流情况，从而影响湖口附近长江干流河段的水位和比降。运用前后长江干流九江和彭泽水位及区间比降对比见表 9.6。可以看到，运用前九江站对应Ⅰ、Ⅱ-1、Ⅱ-2、Ⅲ、Ⅳ-1 和Ⅳ-2 各时期平均水位分别为 11.79m、12.71m、10.71m、9.90m、9.47m 和 10.10m，运用后分别为 11.50m、12.76m、10.40m、9.72m、9.17m 和

9.73m，较运用前变化−0.29m、0.05m、−0.31m、−0.18m、−0.30m 和−0.37m；彭泽站运用前分别为 8.74m、9.47m、7.65m、6.78m、6.40m 和6.82m，运用后分别为 7.93m、9.68m、6.76m、6.33m、5.54m 和5.79m，较运用前变化−0.81m、0.21m、−0.89m、−0.45m、−0.86m 和−1.03m。运用前对应 Ⅰ、Ⅱ-1、Ⅱ-2、Ⅲ、Ⅳ-1 和Ⅳ-2 各时期，九江站—彭泽站区间比降分别为 0.050‰、0.053‰、0.052‰、0.051‰、0.050‰ 和 0.054‰，运用后分别为 0.059‰、0.050‰、0.060‰、0.056‰、0.060‰ 和 0.065‰，较运用前变化 0.009‰、−0.003‰、0.008‰、0.005‰、0.010‰ 和 0.011‰，见图 9.24。

表 9.6 运用前后各时期长江干流九江站和彭泽段水位及比降对比统计表

工况		水位/m			比降/‰		
		运用前	运用后	变化值	运用前	运用后	变化值
九江站	Ⅰ	11.79	11.50	−0.29	0.050	0.059	0.009
	Ⅱ-1	12.71	12.76	0.05	0.053	0.050	−0.003
	Ⅱ-2	10.71	10.40	−0.31	0.052	0.060	0.008
	Ⅲ	9.90	9.72	−0.18	0.051	0.056	0.005
	Ⅳ-1	9.47	9.17	−0.30	0.050	0.060	0.010
	Ⅳ-2	10.10	9.73	−0.37	0.054	0.065	0.011
彭泽站	Ⅰ	8.74	7.93	−0.81			
	Ⅱ-1	9.47	9.68	0.21			
	Ⅱ-2	7.65	6.76	−0.89			
	Ⅲ	6.78	6.33	−0.45			
	Ⅳ-1	6.40	5.54	−0.86			
	Ⅳ-2	6.82	5.79	−1.03			

注 Ⅳ-2 时期设定闸前水位节制在 10.50m；在此仅列出四个时期的月均水位和比降值。

综上所述，鄱阳湖水利枢纽运用后会在其调控非江湖连通期对长江干流九江河段的水位和比降产生一定影响，其在枢纽蓄水期由于蓄水减少湖口入汇长江干流，使得彭泽和九江站水位均出现一定的下降，比降增大；三峡工程蓄水期在前期水位由 15.00m 下降至 12.00m 时，增大的泄流使得彭泽站和九江站水位均出现一定的提升，比降减小，后期 12.00m 下降至 11.00m 时，彭泽站和九江站水位又出现一定的下降，比降增大；补偿调节期和低枯水期间，彭泽站和九江站水位出现一定的下降，比降增大。

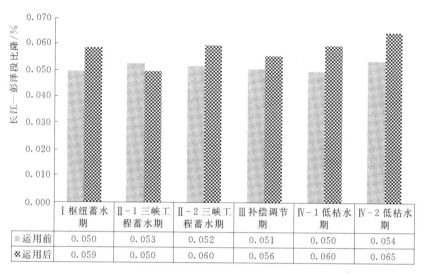

	Ⅰ 枢纽蓄水期	Ⅱ-1 三峡工程蓄水期	Ⅱ-2 三峡工程蓄水期	Ⅲ 补偿调节期	Ⅳ-1 低枯水期	Ⅳ-2 低枯水期
※ 运用前	0.050	0.053	0.052	0.051	0.050	0.054
※ 运用后	0.059	0.050	0.060	0.056	0.060	0.065

图 9.24　枢纽运行前后各期长江九江—彭泽段水位比降变化

9.5　结论

本章采用物理模型试验与数学模型计算相结合的方法，分别基于经过验证的鄱阳湖模型试验研究基地湖区模型和长江科学院研制的河道冲淤变形计算程序中的江湖河网一维数学模型，对三峡等上游控制性水库以及鄱阳湖水利枢纽推荐方案运用下不同时期（江湖连通期、鄱阳湖水利枢纽蓄水期、三峡枢纽蓄水期、补偿调节期、低枯水期）鄱阳湖水利枢纽工程运行对鄱阳湖水情以及江湖关系的影响进行了较为深入的研究，得到了以下主要结论：

（1）选取 2006 年和 1998—1999 年水文资料验证长江段水面线和鄱阳湖入江水道的水面线相似情况，采用 2011 年 11 月 13—19 日和 2012 年 5 月 11—24 日水文测验资料，验证入江水道各测流断面的流速分布，以及长江张家洲（江新洲）汊道在中水流量和枯水流量下的分流比情况。验证结果表明，鄱阳湖模型长江干流段和入江水道段河床阻力的相似程度较好，模型水流与原型的相似程度较好，可以在此基础上进行相关试验研究。

（2）分别选取枯水年 1986 年、中水年 2000 年及丰水年 1998 年典型水文年长江及五河实测水文资料，进行三峡水利枢纽运用对鄱阳湖水情影响的模型试验研究。研究结果表明，三峡工程预泄期、蓄水期和枯水期运用改变长江湖口段水位，进而对鄱阳湖水位和湖泊水域面积造成一定影响。三峡工程预泄期三峡工程运用对鄱阳湖水位有一定的抬高，不同水文年各站平均水位抬高幅度在 0～0.83m 之间，水位抬高最大幅度在 0.30～1.11m 之间，不同水文年对湖区水位影响规律为：丰水年＞中水年＞枯水年，从湖口至湖区影响逐渐减弱。在三峡预泄期的 5—6 月，鄱阳湖区水位较低，即使在丰水年（1998 年）湖口水位三峡工程运用后最大抬高日水位也仅为 12.85m，水位抬高不会增大湖区防洪压力；三峡工程蓄水期鄱阳湖水位出现较大降幅，不同水文年各站平均水位下降高幅度在 $-0.58\sim-2.10$m 之间，水位下降最大幅度在 $-1.39\sim-3.57$m 之间，影响程度为：丰水年＜中水年＜枯水年，从湖口至湖区影响逐渐减弱；三峡工程枯水发电期对鄱阳湖水位影响较小，不同水文年各站最低水位抬高幅度在 $-0.01\sim0.63$m 之间，最小流量抬高幅度在 $0\sim0.55$m 之间，水位抬高最大幅度在 $0\sim0.73$m 之间，水位影响程度的水文年规律为枯水年＞中水年＞丰水年，水位抬高幅度从湖口至湖区逐渐减弱，水位抬高只影响到星子站，星子站上游湖区各站基本不受影响。水位的变化带来相应湖泊水域面积的变化，以都昌平均水位为特征水位，蓄水期将造成鄱阳湖湖区水面面积较大损失，特别是枯水年，面积减小比率达 50％，中丰水年比例减小比率为 16％；三峡增泄期增加湖区面积，中洪水年增加面积比例达 22％和 12％；枯水期基本无影响。

（3）分别选取丰水年 1998 年中 6 月 26 日五河流量最大、7 月 1 日长江干流流量最大和 8 月 1 日鄱阳湖水位最高三个工况作为汛期试验工况，研究鄱阳湖水利枢纽对鄱阳湖防洪的影响。试验结果表明，鄱阳湖水利枢纽在汛期对湖区产生一定的壅水作用，1998 年 6 月 26 日、7 月 1 日和 8 月 1 日三个工况条件下在枢纽闸前最大壅高水位值分别为 0.11m、0.06m 和 0.01m，水位分别至 18.93m、19.90m 和 20.65m。枢纽运用前后断面流速分布对比结果表明，枢纽上下游 3km 范围以外各测流断面流速分布在枢纽运用前后基本不变，各断面的主流位置基本不变，枢纽运用后上游受壅水作用影响，测点流速较枢纽运用前有所降低。

（4）选取 1986 年（枯水年）作为典型水文年，针对鄱阳湖枢纽初拟调度方案中鄱阳湖枢纽蓄水期、三峡蓄水期、补偿调节期及低枯水期四个不同时期确定四个工况研究鄱阳湖水利枢纽对鄱阳湖水情的影响。枢纽运用前后断面流速分布对比结果表明，受枢纽调度控制和闸门开启位置的影响，枢纽运用后枢纽上下游 3km 范围内主流右移，上下游左右岸两侧形成回流区、缓流区或静水区；枢纽上游水位抬升，枢纽上游 3km 以外断面流速总体呈现不同幅度的减小；枢纽下游 5km 以外断面流速分布基本不变。

（5）汛期及枯水期工况下的试验结果均表明枢纽运用会对枢纽附近水道的水动力特性及河床冲淤形势产生影响，因此需要采取一定预防措施降低不利影响。

（6）选取 2011 年（枯水年）作为典型年，针对鄱阳湖枢纽初拟调度方案中鄱阳湖枢纽蓄水期、三峡蓄水期、补偿调节期及低枯水期四个不同时期确定四个工况研究鄱阳湖水利枢纽对长江水情的影响。枢纽运用前后长江干流水位和比降对比结果表明，受枢纽调度控制泄流量的影响，其在枢纽蓄水期彭泽和九江站水位均出现一定的下降，比降增大；三峡工程蓄水期前期彭泽站和九江站水位均出现一定的提升，比降减小，后期彭泽站和九江站水位又出现一定的下降，比降增大；补偿调节期和低枯水期彭泽站和九江站水位出现一定的下降，比降增大。

第 10 章

抚河尾闾河道改线对水流特性影响试验

河流裁弯取直工程对河流生态系统的负面影响是显著的，它会导致稀有的湿地资源退化和水生动植物数量减少。河流长度的减小也缩短了洪水在河道内的滞留时间，虽然提高了河流的泄洪能力，但同时也改变了洪水的脉动幅度和频率，影响洪泛平原生态系统的结构和功能。裁弯取直有利于降低河道防洪水位，但可能增加河道的冲刷，危及堤防安全。党如童提出裁弯取直应用到汉河浅滩型弯曲河道治理。郭志学、王静静等采用数值模拟方法，分析了裁弯取直工程后河道流场，发现河道裁弯取直对上游河道水位降低有利，弯道段上游河道流速将较天然增加；近年来裁弯取直工程实施较少，研究者更多地关注裁弯取直上游河道行洪影响，而对裁弯工程加大下游地区的防洪风险关注较少。张晓波研究了山区型河道裁弯取直后，由于坡降增大、流速加大，可大大加快洪水演进，从而降低上游的水位；但同时由于洪水演进速度加快，将影响与下游支流洪水的叠加过程，从而可能加大下游的防洪风险。张金委采用数学模型及物理模型研究了山溪性河道裁弯取直的沿程水位、流速分布及其河道冲淤水力学问题。樊万辉在分析裁弯效果影响因素的基础上，确定了合理的裁弯方案，改变了危及王庵控导工程的不利河势。

拟建再改道工程引抚河水流入青岚湖，使得抚河水流经由青岚湖区和青岚湖出口与抚河交接口流向下游，因此入湖位置、河湖关系等将发生根本性的变化。本章通过定床模型试验研究拟建抚河再改道工程实施前后工程河段的洪水位、流速流态、主流线变化特性、青岚湖水流特性，为拟建工程的防洪评价以及论证提供依据。

10.1 工程概况

拟建改道取直工程（见图 10.1）位于南昌县塔城乡和进贤县架桥镇境内，

拟封堵抚河塔城段部分河道（上游堵口位于南头邱家附近，下游堵口位于现抚河入青岚湖出口处湾里新厦附近），并从南头邱家附近东至润埠邓家附近新开河道，引抚河主流从青岚湖南汊入湖。该工程主要包括新开挖河道、上下游堵头、堤防加固工程及改道影响段处理工程等。

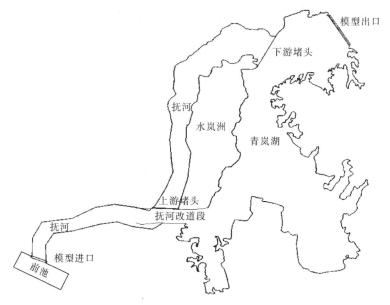

图 10.1　拟建改道取直工程示意图

10.2　模型设计与验证

10.2.1　模型设计

根据试验研究目的和要求，模型进口定在抚河再改道工程上游约 8.5km 处（抚河大桥下游约 6.5km），出口定在再改道工程下游约 18.5km 处（青岚湖口下游 7km 处，包括青岚湖），模拟河道长度约 27km，模型试验模拟范围见图 10.2。

模型上布置了 DM2～DM6、DM10 和 DM11 共 7 个水文测验断面，其中 DM2～DM6 在抚河道上，DM10、DM11 在青岚湖内；共布置了 20 个测流断面 CL1～CL20，其中 CL1～CL8 在抚河河道上，CL9～CL12 在再改道河段，CL13～CL16 在青岚湖内，CL17～CL20 布置在青岚湖尾部至尾门河段；布置了 13 个水位监测点 Z1～Z5、Z9～Z16。其中 Z1～Z5 在抚河河道上，Z9～Z12 在再改道河段上，Z13～Z15 在青岚湖上，Z16 为尾门控制水位点。模型水位

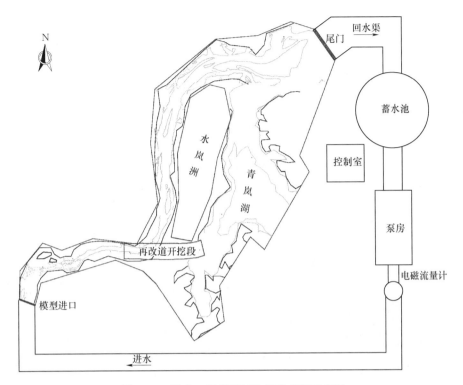

图 10.2　拟建工程模型试验模拟范围示意图

站和测流断面布置见图 10.3。

10.2.2　模型验证

基于 2014 年 5 月 13 日实测瞬时水面线（相应流量约为 1030m³/s）资料和 6 月 21 日实测瞬时水面线（相应流量约为 5780m³/s）资料，对模型枯丰流量阻力相似进行了验证，验证范围为水位测验断面 DM2～DM6 河段，以 DM6 断面处水位作为水位控制点，进行糙率率定。原型测验水位与模型验证试验水位对比见表 10.1 和图 10.4。

表 10.1　　　　　　　　　模型水面线验证成果表

验证工况	枯　水　工　况					丰　水　工　况				
水位计编号	DM2	DM3	DM4	DM5	DM6	DM2	DM3	DM4	DM5	DM6
测验水位/m	17.92	17.56	17.22	17.06	16.77	21.94	21.49	20.99	20.42	19.74
验证水位/m	17.96	17.61	17.30	17.12	16.77	21.88	21.43	20.92	20.40	19.74
差值/m	0.04	0.05	0.08	0.06	0.00	−0.06	−0.06	−0.07	−0.02	0.00

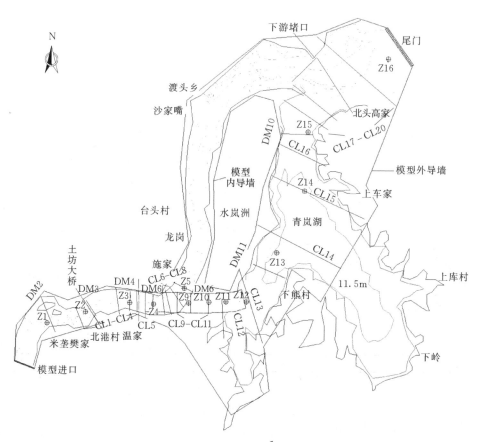

图 10.3　拟建水文站和测流断面布置图

水面线的验证结果表明，模型的阻力相似性较好。

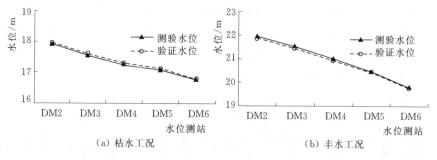

图 10.4　枯丰水工况下各水位测站水位验证图

综上所述，模型和原型的水面线、流速分布相似性总体较好，仅在制模地形与流速原型观测时的相应地形差别较大的局部位置模型与原型的流速分布产生一定的偏离。因此可以认为，模型满足水流运动相似条件，可以在此基础上进行再改道工程方案试验研究。

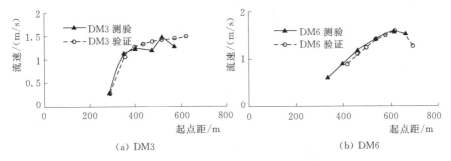

（a）DM3　　　　　　　　　　　　（b）DM6

图 10.5　枯水工况各测流断面流速分布验证图

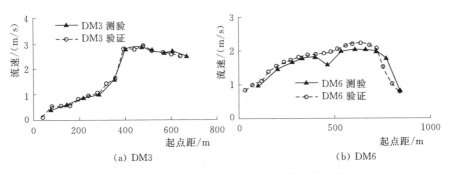

（a）DM3　　　　　　　　　　　　（b）DM6

图 10.6　丰水工况各测流断面流速分布验证图

10.3　再改道工程设计方案试验成果分析

10.3.1　试验水流条件

再改道工程方案试验选择了七个流量工况，包括 50 年一遇河洪、20 年一遇河洪、10 年一遇河洪、2 年一遇河洪、$1000\text{m}^3/\text{s}$ 流量工况、20 年一遇湖洪和 10 年一遇湖洪。再改道前方案试验控制 DM6 水位，改道后方案试验控制尾门水位，具体见表 10.2。

表 10.2　　　　　　　　定床模型试验水流条件

序号	李家渡流量 /（m³/s）	DM6 水位 /m	尾门水位 /m	备　注
1	13200	22.74	19.92	河洪 2%（桥梁设计标准）
2	11000	21.95	19.28	河洪 5%（长乐联圩堤防设计标准）

续表

序号	李家渡流量 /(m³/s)	DM6 水位 /m	尾门水位 /m	备　注
3	9310	21.36	18.74	河洪 10%（水岚洲堤防设计标准）
4	4980	19.72	17.15	河洪 50%
5	1030	16.77	14.64	常遇洪水
6	4010	21.36	21.02	湖洪 5%
7	2980	20.50	20.21	湖洪 10%

10.3.2　水位成果分析

不同工况下拟建再改道工程设计方案实施后工程河段水位变化图见图 10.7 为。表 10.3 为不同工况下各水位测站水位及其变化统计表。根据试验成果分析可知，抚河再改道工程对水位的影响主要表现为：再改道河段上游抚河河段水位有不同程度的降低，而青岚湖区水位普遍壅高。具体分析如下。

（1）河洪工况下，抚河改道口以上河段一定范围内沿程水位有一定程度的降低，疏浚段（进口附近）水位降幅最大（其中 50 年一遇河洪工况条件下水位降幅最大，下降值达 2.02m），越往上游，水位降幅越小；青岚湖区水位普遍壅高，自下而上壅高值逐渐增加，最大壅高水位在再改道入湖口处（其中 50 年一遇河洪工况条件下水位增幅最大，最大水位壅高值为 0.55m）。

以长乐联圩防洪设计洪水流量工况为例，在 20 年一遇（$P=5\%$）河洪工况下，抚河再改道工程以上河段水位沿程有所下降，疏浚段水位下降最大，下降约 1.91m，越往上游水位下降值越小，距离再改道工程进口 0.7km、2.8km 和 4.6km 处水位下降值分别 1.4m、0.78m 和 0.41m；青岚湖区水位普遍壅高，壅高值一般在 0.23~0.50m，壅高幅度自青岚湖出口往上游至改道出口逐渐增加。水岚洲堤防设计标准为 10 年一遇，在 10 年一遇（$P=10\%$）河洪工况下，青岚湖水位壅高值为 0.25~0.48m。

其他河洪工况条件下水位变化规律与设计流量工况类似，仅水位变化值与影响范围略有变化。其中：

在 50 年一遇（$P=2\%$）河洪工况下，青岚湖区水位壅高值一般在 0.24~0.55m，抚河再改道工程疏浚段水位下降约 2.02m，距离改道入口 0.7km、2.8km 和 4.6km 处水位下降值分别 1.62m、0.87m 和 0.48m；在 2 年一遇（$P=50\%$）河洪工况下，青岚湖区水位壅高值一般在 0.24~0.43m，抚河再改道工程疏浚段水位下降约 1.69m，距离改道入口 0.7km、2.8km 和 4.6km 处水位下降值分别 1.14m、0.57m 和 0.22m；当流量约为 1000m³/s 时，抚河再改道工程疏浚段水位下降为 0.71m，距离改道入口 0.7km、2.8km 和 4.6km

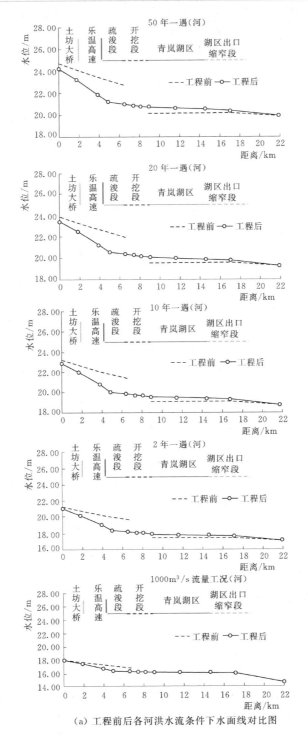

（a）工程前后各河洪水流条件下水面线对比图

图 10.7（一）　工程前后各河洪、湖洪水流条件下水面线对比图

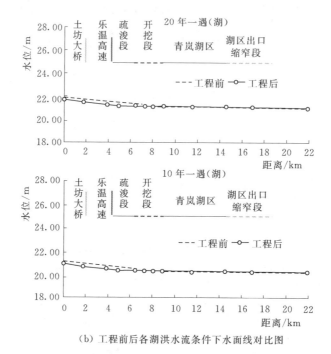

（b）工程前后各湖洪水流条件下水面线对比图

图 10.7（二）　工程前后各河洪、湖洪水流条件下水面线对比图

处水位下降值分别 0.50m、0.11m 和 0.04m。

（2）在湖洪工况时，沿程水位变化规律与河洪工况类似，但水位变化值大幅度减小。

湖洪工况下，水位较高，抚河流量较小，水位比降小，因此再改道工程设计方案实施后，水位变化相对不明显。在 20 年一遇湖洪和 10 年一遇湖洪工况下，青岚湖水位壅高值约为 0.02～0.05m，抚河再改道工程疏浚段水位下降分别为 0.34m 和 0.29m，距离改道入口 0.7km、2.8km 和 4.6km 处水位下降值 20 年一遇湖洪为 0.32m、0.26m 和 0.20m，10 年一遇湖洪为 0.27m、0.24m 和 0.20m。

10.3.3　断面流速成果分析

10.3.3.1　流速分布对比

工程实施后，水流由原河道改道进入青岚湖区，青岚湖转变为行洪河道，青岚湖区水流由静水转变为动水，因此流速普遍增加；而改道口以上的抚河河道由于沿程水位有不同程度的降低，同流量下的过水面积减小，因此模型模拟范围内的流速有所增加。图 10.8 为工程前后改道口以上河段各水流条件下测流断面表面流速分布对比图，图 10.9 为工程前后改道上段各水流条件下测流

表 10.3　　设计方案各工况水位统计表

位置		改道上游段			疏浚段	再改道段 新开挖段			再改道入湖口	菁岚湖区 湖区		出口缩窄段	菁岚湖出口下游5km
水位站位置 / 水位站编号		Z1	Z2	Z3	Z4	Z9	Z10	Z11	Z12	Z13	Z14	Z15	尾门
与改道口距离/km		4.60	2.80	0.70	-0.37	-1.90	-2.80	-3.50	-4.40	-7.00	-10.00	-12.40	-17.30
河洪 50年一遇/m	工程前	24.71	24.10	23.50	23.20	—	—	—	20.16	20.16	20.16	20.16	19.92
	设计方案	24.23	23.23	21.88	21.18	21	20.87	20.77	20.71	20.62	20.52	20.40	19.92
	变幅	-0.48	-0.87	-1.62	-2.02	—	—	—	0.55	0.46	0.36	0.24	0
20年一遇/m	工程前	23.89	23.3	22.68	22.48	—	—	—	19.58	19.58	19.58	19.58	19.28
	设计方案	23.48	22.52	21.28	20.57	20.4	20.28	20.18	20.08	20.00	19.91	19.81	19.28
	变幅	-0.41	-0.78	-1.40	-1.91	—	—	—	0.50	0.42	0.33	0.23	0
10年一遇/m	工程前	23.22	22.70	22.06	21.86	—	—	—	19.07	19.07	19.07	19.07	18.74
	设计方案	22.89	21.98	20.80	20.00	19.84	19.74	19.65	19.55	19.50	19.41	19.32	18.74
	变幅	-0.33	-0.72	-1.26	-1.86	—	—	—	0.48	0.43	0.34	0.25	0
2年一遇/m	工程前	21.33	20.83	20.27	20.07	—	—	—	17.49	17.49	17.49	17.49	17.15
	设计方案	21.11	20.26	19.13	18.38	18.23	18.13	18.03	17.92	17.86	17.80	17.73	17.15
	变幅	-0.22	-0.57	-1.14	-1.69	—	—	—	0.43	0.37	0.31	0.24	0
1000m³/s 流量/m	工程前	18.00	17.61	17.26	17.09	—	—	—	16.17	16.14	16.11	16.08	14.64
	设计方案	17.96	17.5	16.76	16.38	16.29	16.24	16.2	—	—	—	—	—
	变幅	-0.04	-0.11	-0.50	-0.71	—	—	—	—	—	—	—	—
湖洪 20年一遇/m	工程前	21.93	21.76	21.60	21.50	—	—	—	21.08	21.08	21.08	21.08	21.02
	设计方案	21.73	21.50	21.28	21.16	21.15	21.14	21.14	21.13	21.12	21.11	21.10	21.02
	变幅	-0.20	-0.26	-0.32	-0.34	—	—	—	0.05	0.04	0.03	0.02	0
10年一遇/m	工程前	21.14	20.93	20.73	20.63	—	—	—	20.26	20.26	20.26	20.26	20.21
	设计方案	20.94	20.69	20.46	20.34	20.33	20.32	20.32	20.31	20.30	20.29	20.28	20.21
	变幅	-0.20	-0.24	-0.27	-0.29	—	—	—	0.05	0.04	0.03	0.02	0

断面表面流速分布对比图，图 10.10 为工程后改道段、青岚湖区及青岚湖出口段各水流条件下测流断面表面流速分布对比。表 10.4 为工程前后各河洪和湖洪工况下测流断面表面流速最大值及其变幅统计表。在此分别针对河洪、湖洪两种工况下，改道口以上河段、改道河段、青岚湖区及青岚湖出口段的表面流速分布进行分析，可以得到以下主要结论。

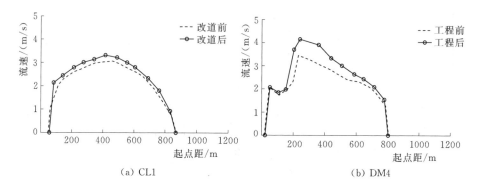

(a) CL1　　　　　　　　　　　　　　(b) DM4

图 10.8　工程前后改道口上游河段 10 年一遇河洪水流条件下表面流速分布对比图

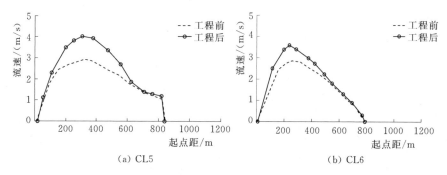

(a) CL5　　　　　　　　　　　　　　(b) CL6

图 10.9　工程前后改道段上段 10 年一遇河洪水流量条件下表面流速分布对比图

（1）发生河道洪水时，受水位下降的影响，工程后改道口以上河段流速有所增大；因行洪影响，青岚湖区流速同样较工程前普遍增大。

以 20 年一遇防洪设计洪水流量条件下的表流速分布为例，工程前改道口以上河段表流速最大值在 3.28～3.71m/s 之间，工程后表流速最大值在 3.60～4.52m/s 之间，变幅在 0.28～1.22m/s 之间；工程后改道段表流速最大值一般在 2.70～4.13m/s 之间，受改道口地形衔接的影响，改道段上段表流速大于下段，自断面 CL5～CL9 表流速沿程有所减小，因其下段承接湖区，自断面 CL10～CL12 表流速沿程亦有所减小；工程后青岚湖区表流速最大值一般在 1.23～2.62m/s，该值与湖区行洪断面形态相关，其中青岚湖区中部行洪面

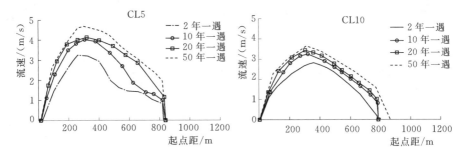

（a）改道段各河洪水流量条件下表面流速分布

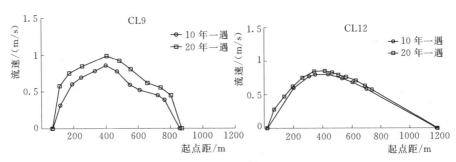

（b）改道段各湖洪水流量条件下表面流速分布

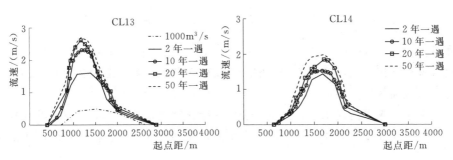

（c）青岚湖各河洪水流量条件下表面流速分布

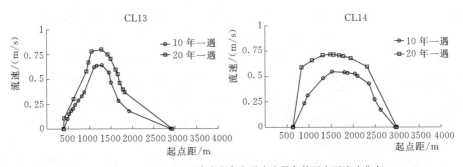

（d）青岚湖各湖洪水流量条件下表面流速分布

图 10.10（一） 工程后各洪水流量条件下表面流速分布对比

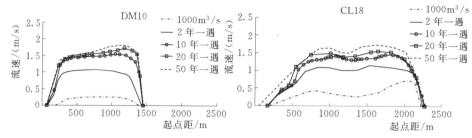

（e）青岚湖出口段各河洪水流量条件下表面流速分布

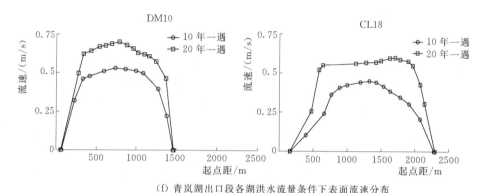

（f）青岚湖出口段各湖洪水流量条件下表面流速分布

图 10.10（二）　工程后各洪水流量条件下表面流速分布对比

积较大，流速略小；工程后青岚湖区出口段流速最大值一般在 1.25～1.60m/s，受青岚湖区出口段汊道分流的影响，主流位于断面右侧，其中以断面 CL19 表流速最大值为最大。

从不同频率河洪水流条件下的表流速变化情况来看，其他频率河洪水流条件下的表流速变化规律与防洪设计洪水流量条件下的基本类似，仅流速变化值略有变化。

（2）发生湖区洪水时，流速沿程变化规律与河洪时基本一致，但受高水位影响，工程前后各段表流速均较河洪时大幅度减小，且流速变幅亦大幅度减小。

以 20 年一遇湖洪水流条件下的表流速分布为例，工程前改道口以上河段表流速最大值在 1.77～2.04m/s 之间，工程后表流速最大值在 1.83～2.05m/s 之间，变幅在 0.01～0.03m/s 之间；工程后改道段表流速最大值一般在 0.85～0.98m/s 之间；工程后青岚湖区断面 CL13 和 CL14 的表流速最大值分别为 0.80m/s 和 0.72m/s；工程后青岚湖区出口段 CL17 和 CL18 的表流速最大值分别为 0.68m/s 和 0.60m/s。

从不同频率湖洪水流条件下的表流速变化情况来看，10 年一遇湖洪水流条件下的表流速变化规律与 20 年一遇湖洪水流条件下的基本类似，仅流速变化值略有变化。具体而言，在 10 年一遇水流条件下，工程后改道段表流速最大值一般在 0.80～0.85m/s 之间，青岚湖区 CL13 和 CL14 的表流速最大值分别为 0.64m/s 和 0.55m/s，青岚湖区出口段 CL18 和 CL19 的表流速最大值分别为 0.45m/s 和 0.49m/s。

图 10.11 为工程后各段 20 年一遇河洪水流条件下断面平均流速、底流速与表流速分布对比图，可以看出，断面平均流速和底流速均具有与表流速相似的分布形态。其中工程后改道口以上河段底流速最大值在 2.75～3.12m/s 之间，断面平均流速最大值在 3.17～3.89m/s 之间；工程后改道段底流速最大值在 2.26～2.73m/s 之间，断面平均流速最大值在 2.51～3.45m/s 之间；工程后青岚湖区底流速最大值在 0.92～2.12m/s 之间，断面平均流速最大值在 1.12～2.50m/s 之间；工程后青岚湖出口段底流速最大值在 0.90～1.32m/s 之间，断面平均流速最大值在 1.13～1.53m/s 之间。

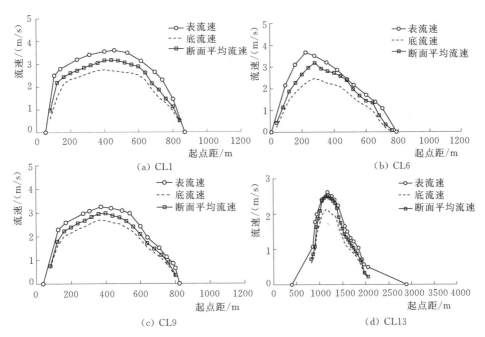

图 10.11　工程后各段 20 年一遇河洪水流量条件下断面平均流速、
底流速与表面流速分布对比图

10.3.3.2　青岚湖出口段过流比

根据 20 年一遇河洪水流条件下断面平均流速试验结果，统计分析青岚湖出口段断面 CL19 和 CL20 的左右槽过流能力对比见表 10.4。可以看出，受青岚湖出口段滩地的影响，下游主流位于断面右侧，其中断面 CL19、CL20 右

187

槽的过流比分别约占总流量的 82.0% 和 78.3%。

| 表 10.4 | 青岚湖出口段下游断面过流比统计表 |

断 面	左 槽		右 槽		总流量 /(m³/s)	水位 /m
	过流量 /(m³/s)	过流比 /%	过流量 /(m³/s)	过流比 /%		
CL19	1996.4	18.0	9096.8	82.0	11093.2	19.57
CL20	2402.2	21.7	8690.1	78.3		19.43

10.3.4 水流动力轴线变化分析

10.3.4.1 改道进口上游河段

各工况再改道工程前后主流线基本一致，只是在局部位置有所差异。其中河洪（$P=5\%$）再改道进口上游河段水流动力轴线见图 10.12。

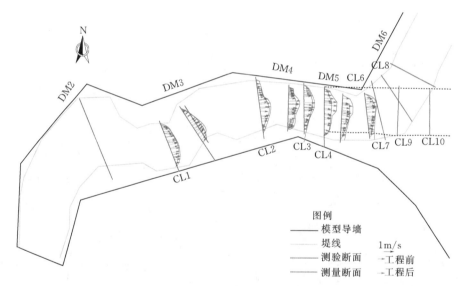

图 10.12 工程前后原河道以上河段 $P=5\%$ 河洪水流条件下主流轴线

再改道前，抚河河道水流在断面 CL2 处受矶头挑流左右影响，主流由左侧向右侧摆动；在 DM4 至 DM5 河段，主流沿河道顺水流而下，与抚河河道基本平行；在 DM5 断面处主流由东西方向向东北方向转变。

再改道工程封堵了抚河河道，将水流引入青岚湖，并通过青岚湖流向下游，同时对断面 CL5 至 CL10 之间的抚河河段进行了疏浚，断面 DM5 处矶头被移除，因此，在 DM4 之前河段主流线与改道前基本一致，在 DM4 至 DM5

之间主流线与再改道河道平行，相对于原主流线偏左。

10.3.4.2　改道河段及青岚湖段

（1）在各河洪工况条件下，再改道河段及青岚湖段河流主流动力轴线位置基本一致，再改道段主流顺河道而下，主流线居再改道河段中线偏左，在青岚湖区段主流线亦靠近左侧水岚洲堤防，在青岚湖出口至尾门，主流线则靠右深槽（图10.13）。以10年一遇河洪工况为例，再改道段主流线离左堤310～340m，在青岚湖区主流线离左侧水岚洲堤防最小距离为800m，最大距离也仅1500m，在青岚湖出口至尾门段，主流线靠近右侧，离右侧堤防最小距离约为350m；以20年一遇河洪工况为例，再改道段主流线离左堤325～360m，在青岚湖区主流线离左侧水岚洲堤防最小距离为780m，最大距离也仅1500m，在青岚湖出口至尾门段，主流线靠近右侧，离右侧堤防最小距离约为300m。

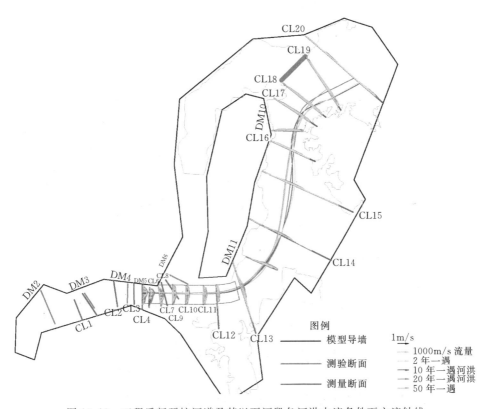

图10.13　工程后新开挖河道及其以下河段各河洪水流条件下主流轴线

（2）在湖洪工况下，再改道段和青岚湖区断面流速较小，主流线分布与河洪基本一致，比如，再改道段主流线居改道河段中线偏左，在青岚湖区段主流线亦靠近左侧水岚洲堤防，但是不同在于，在青岚湖出口至尾门处主流线偏离右深槽（图 10.14）。以 10 年一遇湖洪工况为例，再改道段主流线离左岸 300~335m，在青岚湖区主流线离左侧水岚洲堤防最小距离为 600m，最大距离也仅 1260m，在青岚湖出口至尾门段，主流线偏离靠近右侧堤防，距离达 1290m；20 年一遇湖洪工况下，再改道段主流线向中间略有摆动，离左堤 330~340m，青岚湖区和青岚湖出口至尾门段主流线位置与 10 年一遇湖洪工况基本一致。

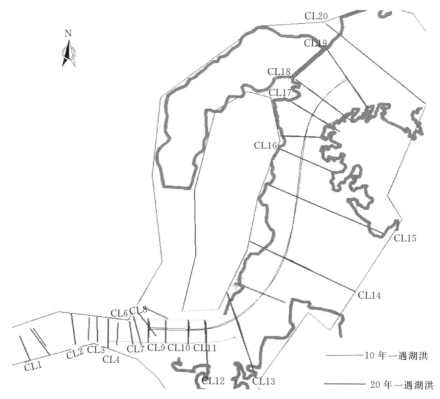

图 10.14　工程后新开挖河道及以下河段各湖洪水流条件下主流轴线

10.4　再改道工程优化方案试验成果分析

再改道工程和局部河段疏浚工程减少了抚河入湖河道长度，增大了河道过流面积，使得洪水条件下再改道河段上游及疏浚段有较大的水位落差，增加了断面流速。因此，从增加工程安全和减少工程造价角度，提出了三个优化方案：优化方案一在设计方案基础上将改道段底宽由 750m 缩窄至 700m，相应地将顶宽由 822m 缩窄至 772m，而保持该段纵坡比 0.15‰不变；优化方案二在设计方案基础上在新河与老河道衔接处河床高程由原来的 13.64m 提高49cm 至 14.13m，并将该段纵坡比由 0.15‰减缓至 0.10‰，新河入湖处由原来的 13.01m 提高至 13.71m，同时保持该段底宽和顶宽不变；优化方案三在优化方案二的基础上将该段底宽由 750m 缩窄至 700m，相应地将顶宽由 822m缩窄至 772m。在此针对以上三个优化方案，分别从水位、断面流速以及对已有工程的影响三个方面与设计方案试验结果进行对比分析。

10.4.1　水位成果对比分析

试验结果表明，不同优化方案对水位的影响趋势不变，即再改道河段上游抚河河段水位有不同程度的降低，而青岚湖区水位普遍壅高，仅在影响程度上存在一定差异。表 10.5、表 10.6 分别为河洪和湖洪工况设计方案与优化方案水位对比统计表，图 10.15 为不同流量工况各优化方案工程河段水位变化图。具体分析如下。

（1）在河洪工况时，三个优化方案条件下，抚河改道口以上河段一定范围内沿程水位下降幅度相对于设计方案有所减小，下降幅度优化方案三下降幅度小于优化方案二，优化方案二下降幅度小于优化方案一，而青岚湖水位基本不变。20 年一遇河洪工况时，优化方案一、方案二和方案三疏浚段水位降幅分别为 1.87m、1.85m 和 1.81m，相比于设计方案水位降幅 1.91m，水位降幅减小约 0.04～0.10m，优化方案与设计方案改道上游 4.6km 处水位降幅基本一致，为 0.38～0.41m；优化方案和设计方案青岚湖水位基本一致，水位（相对于改道前）变幅基本在 0.23～0.51m。10 年一遇河洪工况时，优化方案一、方案二和方案三疏浚段水位降幅分别为 1.78m、1.77m 和 1.73m，相比于设计方案水位降幅 1.86m，水位降幅减少 0.08～0.13m；优化方案和设计方案青岚湖水位基本一致，水位（相对于改道前）变幅基本在 0.42～0.49m。

（2）湖洪工况时，优化方案与设计方案水位变幅较河洪各工况明显减小，在 20 年一遇和 10 年一遇湖洪工况下，改道段上游疏浚段水位降幅仅为 0.22～0.34m（河洪工况条件下水位下降幅度为 1.73～1.91m），青岚湖水位壅高低于 0.05m（河洪工况条件下水位壅高幅度达 0.50m）。

在三个优化方案条件下，抚河改道口以上河段一定范围内沿程水位下降幅度相对于设计方案有所减小，下降幅度优化方案三最小，优化方案二次之，优化方案一最大，青岚湖水位则基本不变。在 20 年一遇湖洪工况下，优化方案一、方案二和方案三疏浚段水位降幅分别为 0.31m、0.30m 和 0.27m，与设计方案水位降幅（0.34m）基本一致，优化方案与设计方案改道上游 4.6km处水位降幅亦基本一致，约为 0.16～0.20m；优化方案和设计方案青岚湖水

表 10.5　　河洪工况优化方案与设计方案水位对比统计表

水位站位置	改道上游段			再改道段					青岚湖区			
				疏浚段	新开挖段			再改道入湖口	湖区		出口缩窄段	青岚湖出口下游5km
水位站编号	Z1	Z2	Z3	Z4	Z9	Z10	Z11	Z12	Z13	Z14	Z15	Z16
与改道口距离/km	4.60	2.80	0.70	−0.37	−1.90	−2.80	−3.50	−4.40	−7.00	−10.00	−12.40	−17.30
20年一遇/m 设计方案	23.48	22.52	21.28	20.57	20.4	20.28	20.18	20.08	20.00	19.91	19.81	19.28
方案一	23.50	22.54	21.31	20.61	20.43	20.30	20.19	20.08	20.00	19.91	19.82	19.31
变幅	0.02	0.02	0.03	0.04	0.03	0.02	0.01	0	0	0	0.01	0.03
方案二	23.50	22.54	21.31	20.63	20.46	20.32	20.20	20.09	20.00	19.90	19.81	19.26
变幅	0.02	0.02	0.03	0.06	0.06	0.04	0.02	0.01	0	−0.01	0	−0.02
方案三	23.51	22.55	21.32	20.67	20.49	20.34	20.21	20.09	20.00	19.90	19.82	19.28
变幅	0.03	0.03	0.04	0.1	0.09	0.06	0.03	0.01	0	−0.01	0.01	0
10年一遇/m 设计方案	22.89	21.98	20.80	20.00	19.84	19.74	19.65	19.55	19.50	19.41	19.32	18.74
方案一	22.91	22.01	20.87	20.08	19.91	19.79	19.68	19.55	19.50	19.41	19.31	18.74
变幅	0.02	0.03	0.07	0.08	0.07	0.05	0.03	0	0	0	−0.01	0
方案二	22.91	22.01	20.87	20.09	19.93	19.80	19.68	19.55	19.49	19.40	19.31	18.74
变幅	0.02	0.03	0.07	0.09	0.09	0.06	0.03	0	−0.01	−0.01	−0.01	0
方案三	22.92	22.02	20.90	20.13	19.96	19.82	19.69	19.56	19.51	19.41	19.32	18.74
变幅	0.03	0.04	0.10	0.13	0.12	0.08	0.04	0.01	0.01	0	0	0

注　变幅指优化方案与设计方案相比的水位变化值。

表 10.6

湖洪工况优化方案与设计方案水位对比统计表

位置工况	水位站位置		改道上游段			疏竣段	再改道段				青岚湖区			
							新开挖段			再改道入湖口	湖区		出口缩窄段	青岚湖出口下游5km
	水位站编号		Z1	Z2	Z3	Z4	Z9	Z10	Z11	Z12	Z13	Z14	Z15	Z16
	与改道口距离/km		4.60	2.80	0.70	-0.37	-1.90	-2.80	-3.50	-4.40	-7.00	-10.00	-12.40	-17.30
20年一遇/m	设计方案		21.73	21.5	21.28	21.16	21.15	21.14	21.14	21.13	21.12	21.11	21.10	21.02
	方案一		21.74	21.52	21.31	21.19	21.18	21.16	21.15	21.13	21.12	21.11	21.10	21.02
		变幅	0.01	0.02	0.03	0.03	0.03	0.02	0.01	0	0	0	0	0
	方案二		21.74	21.52	21.31	21.2	21.18	21.16	21.15	21.13	21.12	21.11	21.10	21.02
		变幅	0.01	0.02	0.03	0.04	0.03	0.02	0.01	0	0	0	0	0
	方案三		21.77	21.55	21.34	21.23	21.21	21.18	21.16	21.13	21.12	21.11	21.10	21.02
		变幅	0.04	0.05	0.06	0.07	0.06	0.04	0.02	0	0	0	0	0
10年一遇/m	设计方案		20.94	20.69	20.46	20.34	20.33	20.32	20.32	20.31	20.30	20.29	20.28	20.21
	方案一		20.95	20.71	20.49	20.37	20.36	20.34	20.33	20.31	20.30	20.29	20.28	20.21
		变幅	0.01	0.02	0.03	0.03	0.03	0.02	0.01	0	0	0	0	0
	方案二		20.95	20.71	20.49	20.38	20.36	20.34	20.33	20.31	20.30	20.29	20.28	20.21
		变幅	0.01	0.02	0.03	0.04	0.03	0.02	0.01	0	0	0	0	0
	方案三		20.98	20.74	20.52	20.41	20.39	20.36	20.34	20.31	20.30	20.29	20.28	20.21
		变幅	0.04	0.05	0.06	0.07	0.06	0.04	0.02	0	0	0	0	0

注 变幅指优化方案与设计方案相比的水位变化值。

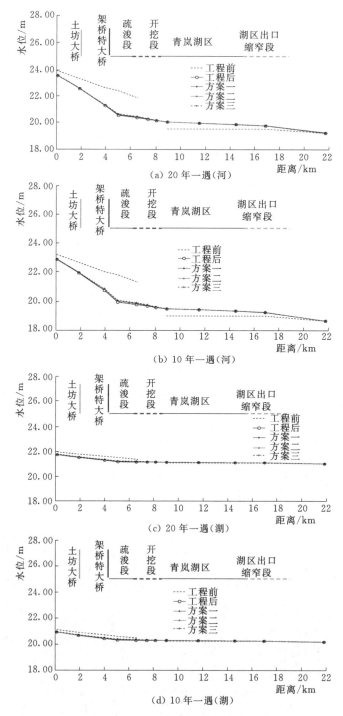

图 10.15　不同流量工况各优化方案工程河段水面线对比图

194

位基本一致，水位（相对于改道前）增幅基本在 0.05m 以内。10 年一遇湖洪工况下，优化方案一、方案二和方案三疏浚段水位降幅分别为 0.26m、0.25m 和 0.22m，相比于设计方案水位降幅 0.29m，水位降幅减少 0.03～0.07m；优化方案和设计方案青岚湖水位基本一致，水位（相对于改道前）增幅基本在 0.05m 以内。

10.4.2　断面流速成果对比分析

图 10.16 为 20 年一遇河洪工况各测流断面优化方案三、设计方案与工程前表面流速分布对比图，图 10.17 为湖洪工况各测流断面不同优化方案、设计方案与工程前表面流速分布对比图。试验结果表明，不同优化方案下，抚河再改道工程对表面流速分布的影响方式不变，即受水位下降的影响，各方案改道口以上河段流速均有所增大，而因行洪影响，青岚湖区流速同样较工程前普遍增大，仅在影响程度上存在一定差异。具体分析如下：

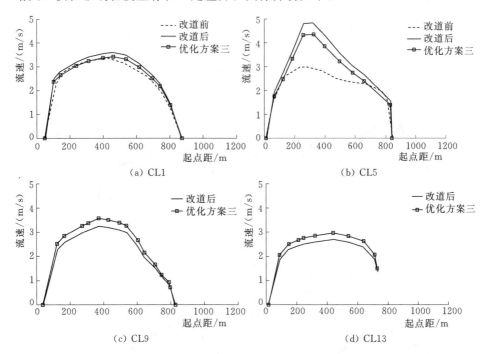

图 10.16　20 年一遇河洪工况优化方案三、设计方案与工程前表面流速分布对比

（1）河洪工况时，在优化方案三下，抚河改道口以上河段表面流速较工程前有所增大，而相对于设计方案有所减小；受过流面积减小的影响，改道段表流速较设计方案有所增大；湖区段表流速较设计方案基本不变。

表 10.7 为 20 年一遇河洪工况下方案三较工程前和设计方案表面流速最大

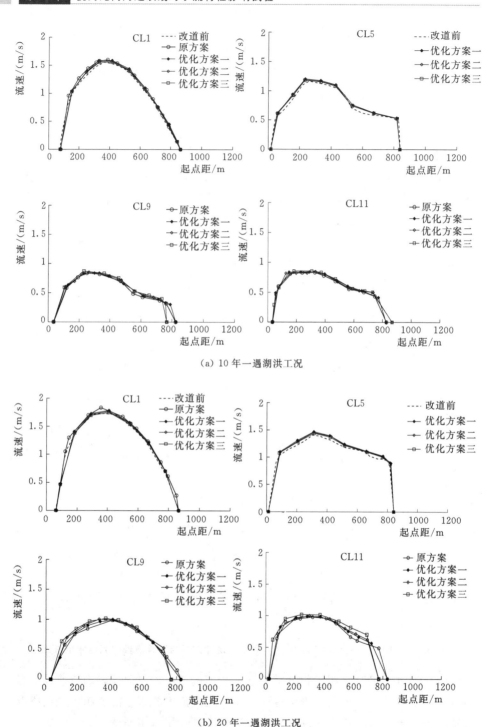

（a）10 年一遇湖洪工况

（b）20 年一遇湖洪工况

图 10.17　各频率湖洪工况各优化方案、设计方案与工程前表面流速分布对比

值变幅统计。可以看出，方案三改道口以上河段表流速最大值在 3.42～
4.35m/s 之间，较工程前的变幅在 0.05～1.36m/s 之间，较设计方案的变幅
在－0.18～－0.48m/s 之间；方案三改道段表流速最大值在 2.97～3.78m/s
之间，受下段承接湖区的影响，自断面 CL10～CL12 表流速沿程有所减小，
各断面较设计方案的变幅在 0.27～0.35m/s 之间；方案三青岚湖区断面
DM11 表流速最大值为 1.70m/s，较设计方案增大 0.03m/s。

表 10.7　　　方案三较工程前和设计方案表面流速最大值变幅统计表　　单位：m/s

位　　置	断　　面	20 年一遇河洪		
		方案三	较工程前变幅	较设计方案变幅
改道口以上河段	CL1	3.42	0.05	－0.18
	CL2	3.65	0.25	－0.27
	CL3	3.93	0.34	－0.44
	DM4	4.05	0.81	－0.45
	CL4	3.71	0.50	－0.41
	CL5	4.35	1.36	－0.48
	桥轴线	4.05	0.76	－0.45
改道段	CL9	3.58	—	0.32
	CL10	3.78	—	0.35
	CL11	3.14	—	0.29
	CL12	2.97	—	0.27
湖区段	DM11	1.70	—	0.03

（2）湖洪工况时，在三个优化方案下，抚河改道口以上河段表面流速较工
程前有所增大，而相对于设计方案有所减小，总体表现为优化方案三小于优化
方案二，优化方案二小于优化方案一；受过流面积减小的影响，改道段表流速
较设计方案有所增大，表现为优化方案一小于优化方案二和优化方案三。

表 10.8 为 20 年一遇湖洪工况各优化方案较工程前和设计方案表面流速最
大值变幅统计。可以看出，各优化方案改道口以上河段表流速最大值在 1.45～
1.78m/s 之间，较工程前变幅在 0.02～0.07m/s 之间，较设计方案变幅在
－0.02～－0.08m/s 之间，各优化方案下表流速最大值总体表现为优化方案三
最小，而优化方案一最大；各优化方案改道段表流速最大值在 0.99～1.09m/s
之间，各断面较设计方案的变幅在 0.01～0.04m/s 之间，各优化方案下表流
速最大值总体表现为优化方案三最大，而优化方案一最小，这表明相较变坡方
案，改道段流速对缩窄方案更为敏感。表 10.9 为 10 年一遇湖洪工况各优化方
案较工程前和设计方案表面流速最大值变幅统计，可以得到相同的结论。

表 10.8　　　　　　　　$P=5\%$ 湖洪工况各优化方案与工程前和

设计方案表面流速最大值对比　　　　　　单位：m/s

位置	断面	方案一			方案二			方案三		
		流速值	较工程前变幅	较设计方案变幅	流速值	较工程前变幅	较设计方案变幅	流速值	较工程前变幅	较设计方案变幅
改道口以上河段	CL1	1.78	0.05	−0.05	1.77	0.04	−0.06	1.75	0.02	−0.08
	CL2	1.76	0.05	−0.04	1.74	0.03	−0.06	1.73	0.02	−0.07
	CL3	1.59	0.05	−0.03	1.58	0.04	−0.04	1.56	0.02	−0.06
	DM4	1.73	0.07	—	1.71	0.05	—	1.69	0.03	—
	CL4	1.64	0.05	−0.01	1.63	0.04	−0.02	1.61	0.02	−0.04
	CL5	1.47	0.06		1.46	0.05		1.45	0.04	
	桥轴线	—	—	—	—	—	—	—	—	—
改道段	CL9	0.99	—	0.01	1.00	—	0.02	1.01		0.03
	CL10	1.05			1.07			1.09		
	CL11	0.99		0.01	1.00		0.02	1.02		0.04
	CL12	0.99		0.01	1.00		0.02	1.02		0.04

表 10.9　　　　　　　　$P=10\%$ 湖洪工况各优化方案与工程前和

设计方案表面流速最大值对比　　　　　　单位：m/s

位置	断面	方案一			方案二			方案三		
		流速值	较工程前变幅	较设计方案变幅	流速值	较工程前变幅	较设计方案变幅	流速值	较工程前变幅	较设计方案变幅
改道口以上河段	CL1	1.59	0.03	−0.01	1.57	0.01	−0.03	1.56	0	−0.04
	CL2	1.58	0.03	−0.01	1.57	0.02	−0.02	1.55	0	−0.04
	CL3	1.33			1.32	0.01	−0.04	1.31		−0.04
	DM4	1.55	0.04	—	1.53	0.02	—	1.52	0.01	—
	CL4	1.43	0.03	−0.01	1.42	0.02	−0.02	1.40	0	−0.04
	CL5	1.20	0.03		1.19	0.02		1.18	0.01	
	桥轴线	1.60	0.03	—	1.58	0.01	—	1.57	0	—
改道段	CL9	0.84	—	0	0.85		0.01	0.87	—	0.03
	CL10	0.85	—		0.87			0.89	—	
	CL11	0.84	—	0.01	0.85	—	0.02	0.86	—	0.03

10.5 结论

（1）抚河再改道工程设计方案实施前后，抚河河道和青岚湖水位出现了不同的变化趋势，抚河河道位于再改道段上游，水位有不同程度的降低，青岚湖区水位则有一定幅度抬高。抚河河道来流流量越大，再改道上游抚河河道水位降幅越大；同一流量工况下再改道疏浚段（进口附近）水位降幅最大，在不同河洪工况下疏浚段水位降幅在 0.71～2.02m；在 5％和 10％频率湖洪工况下水位降幅为 0.29m 和 0.34m。青岚湖水位在河洪工况下水位抬升幅度在 0.55m以内，在湖洪工况下水位抬升幅度在 0.05m 以内。

河洪工况下，工程后改道口以上河段流速有所增大，青岚湖区流速同样较工程前普遍增大；湖洪工况下，流速沿程变化规律与河洪时基本一致，但受高水位影响，工程前后各段表流速均较河洪时大幅度减小，且流速变幅亦大幅度减小。

（2）在三个优化方案下，抚河再改道工程对水位的影响趋势不变，对水位的影响程度减小。在 5％和 10％频率河洪时，抚河改道口以上河段一定范围内沿程水位下降幅度三个优化方案相对于设计方案减小，幅度为 0.04～0.13m，其中下降幅度优化方案三最小、优化方案二次之、优化方案一最大，而青岚湖水位基本不变；在 5％和 10％频率湖洪时，优化方案与设计方案抚河河道和青岚湖水位基本一致。

河洪工况优化方案三下抚河改道口以上河段表面流速较工程前有所增大，而相对于设计方案有所减小，改道段表流速较设计方案有所增大，湖区段表流速较设计方案基本不变。发生湖区洪水时，三个优化方案下抚河改道口以上河段表面流速较工程前有所增大，而相对于设计方案有所减小，总体表现为优化方案三小于优化方案二小于优化方案一；改道段表流速较设计方案有所增大，表现为优化方案一小于优化方案二小于优化方案三。

（3）工程前后各个工况水流条件下改道进口上游河段主流线基本一致，只是在局部位置有所差异，在工程前抚河上封堵口局部位置由东西方向向南北方向转变，工程后抚河河道水流顺新改道河段直接入青岚湖；工程后，不同工况条件下改道河段、青岚湖区主流线位置基本一致，在改道河段主流顺河道而下，主流线居改道河段中线偏左，在青岚湖区段主流线亦靠近左侧水岚洲堤防。

（4）优化方案三减少约 $250 \times 10^4 m^3$ 开挖量和占地约 $10 \times 10^4 m^2$。综上分析，各优化方案中以优化方案三相对较优。

第 11 章

抚河改道后青岚湖泥沙淤积模型试验

　　抚河改道工程位于南昌县塔城乡和进贤县架桥镇境内，拟封堵抚河塔城段部分河道，上游堵口位于南头邱家附近，下游堵口位于现抚河入青岚湖出口处湾里新厦附近，并从南头邱家村附近东至润埠邓家附近新开河道，引抚河主流从青岚湖南汉入湖。新开挖河道工程的河道改道段位于彭桥邱家、谭家和胡家村附近，该段河道改道段工程总长 4.4km，其中新开挖河道长 2.0km，进出口疏浚长 2.4km。抚河改道以前，只是在汛期高水位时有少量河水注入青岚湖；抚河改道后，青岚湖吞吐抚河全部水量，抚河泥沙经过青岚湖输移进入鄱阳湖。由于青岚湖水沙条件发生改变，将造成青岚湖湖内泥沙淤积，改变青岚湖形态。在以往的泥沙淤积规律研究中，基本都是采用实测资料分析。吴门卫等通过局部动床冲刷及悬移质淤积试验研究了港澳珠大桥修建前后伶仃洋滩地的演变。徐霖玉等采用物理模型试验研究了无坝引水明渠淤积的成因，提出了改变取水口形态与增大渠道坡度可大幅减少渠道淤积。马逸麟在野外实地调查及大量前人资料系统综合研究基础上对青岚湖泥沙淤积特征进行了描述，并在分析鄱阳湖泥沙来源的基础上对青岚湖区泥沙淤积趋势进行了预测。徐火生利用大量实测资料分析揭示了青岚湖的巨大变化，左半部基本淤积，青岚湖淤积最大平均年淤高 0.26m，抚河进入青岚湖水流的主流在右半部，并对青岚湖的变迁趋势进行了探论。抚河改道后青岚湖完全成为抚河水沙的运动载体，抚河泥沙将在青岚湖湖区逐步向下游推进，从三阳口注入鄱阳湖。开展悬沙淤积试验研究工程实施后的青岚湖淤积过程，可为青岚湖治理提供技术依据。

11.1　模型概况

　　（1）本模型为青岚湖整体悬沙淤积物理模型。该模型主要研究抚河改道后抚河从青岚湖注入鄱阳湖条件下，青岚湖水沙情势的改变对湖区泥沙淤积的影响。模型进口位于抚河再改道工程上游约 8.5km 处，出口位于再改道工程下游约 18.5km 处（青岚湖出口下游约 7km 处，包括青岚湖），模拟河道长度约 27km（图 11.1 和图 11.2）。所有上、下边界的过渡段都按实测地形模拟，以保证模型水流与原型相似。模型水平比尺为 200，垂直比尺为 80，变率为 2.5。

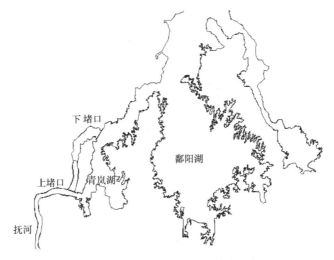

图 11.1　抚河、青岚湖、鄱阳湖位置关系

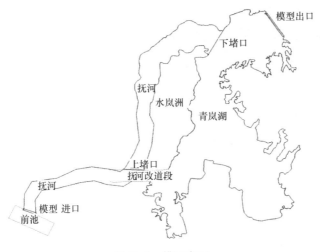

图 11.2　模型布置

（2）模型采用计算机自动控制采集及处理数据系统。模型的上边界通过精密电子流量计控制径流流量，湖洪下边界尾门控制采用水泵补水方式。模型加沙系统采用自动搅拌泥沙装置，人工控制加沙量，加沙过程与水位、流量控制

过程同步。

（3）模型沙选择。根据悬移质相似条件限定悬移质粒径比尺及模型沙悬移质粒径和级配，采用起动相似条件进行校核，根据起动相似条件限定床沙粒径比尺及模型沙床沙粒径和级配。从泥沙运动相似条件入手，最终确定采用轻质塑料沙（1.056t/m³）作为抚河下游尾闾综合整治工程动床模型试验的模型沙，泥沙运动模型比尺见表 11.1。

表 11.1　　　　　　　　　　　泥 沙 运 动 模 型 比 尺

比尺名称	起动流速比尺	粒径比尺	沉速比尺	含沙量比尺	河床变形时间比尺
取值	8.94	0.91	3.58	0.085	564

11.2　模型验证

在河道段滩地存在相当数量黏性泥沙的情况下，结合改道段和湖区床沙起动流速分析，发现滩地区域内的床沙在试验各组水流条件下均较难起动，基本无冲刷。本章动床模型试验着重研究在试验水沙条件下新开挖河道及青岚湖冲淤发展的过程，采用实测资料验证，水面线和流速分布相似，结合研究区域的床沙及悬沙级配资料，根据动床模型设计的各相似条件选择相应的模型沙，以便较好地反映原型沙的运动特性以及该研究区域的泥沙冲淤规律。

11.3　模型试验与结果分析

11.3.1　试验水沙条件

抚河属少沙河流，悬移质含沙量较小，沙峰稍滞后于洪峰。据李家渡站实测泥沙资料（1956—2012 年）统计分析，多年平均输沙量为 139 万 t，多年平均年均含沙量为 0.112kg/m³。输沙量年内分配与径流相对应，但其不均匀程度超过径流，其中汛期 4—6 月的输沙量占全年的 69.0%，悬沙多年平均中值粒径为 0.056mm。

模型改道段上游初始地形采用 2013 年抚河实测地形，改道段采用优化方案地形，青岚湖采用 2011 年青岚湖地形作为初始地形，采用系列年水沙条件研究改道后的改道段和青岚湖段的淤积发展过程。图 11.3 为抚河李家渡站1956—2012 年的年径流量和输沙量的关系，从图 11.3 可以看出，抚河下游年径流量与年输沙量呈正相关，年径流量越大，年输沙量越大。因此，基于1956—2012 年的径流量和输沙量数据，选取 2006 年、2008—2012 年作为系列

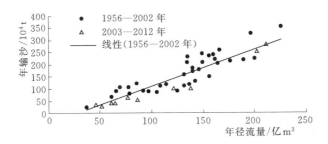

图 11.3 李家渡站 1956—2012 年年径流量和输沙量的关系

年试验水沙条件。

各年径流量和年输沙量见表 11.2，所选系列年 6 年平均流量、径流量和输沙量与 1956—2012 年平均值基本接近，2006 年和 2008 年为中水中沙年，2009 年和 2011 年为小水小沙年，2010 年和 2012 年为大水大沙年。动床连续试验采用 6 年系列年循环的日均水沙过程，每 6 年或者 12 年采用地形测量仪，对每 200m（原型）进行一次断面地形测量。

表 11.2　　　　　　　　　系列年试验各年径流量与输沙量

年　份	流量/(m³/s)	径流量/亿 m³	输沙量/万 t
2006	439.36	138.56	98.64
2008	275.7	87.2	49.5
2009	207.8	65.5	40.3
2010	671.6	211.8	278.0
2011	148.6	46.8	35.9
2012	642.9	203.3	243.8
6 年平均	397.7	125.5	124.4
1956—2012	392.0	123.7	132.2

11.3.2　改道段及青岚湖演变过程

图 11.4 所示为新河道与青岚湖分别在初始时刻，淤积 30 年、48 年、66 年、78 年、90 年、114 年、138 年和 150 年后河床地形高程变化影像图。图中地形高程按 11.00m—15.00m—24.00m 增加时，颜色由蓝色—白色—红色转变，黑色线条标记为 16.50m 等高线。从图 11.4 可以看出，在此期间河道淤积过程为自上而下。

试验 30 年（$t=30a$）时，新河道上段出现堤式淤积（位置 1），中段出现拦门沙式淤积（位置 2）、顺坝式淤积（位置 3）和点式淤积（位置 4）。挟沙水流进入平原浅水湖泊往往形成带状河道，即发生堤式淤积；拦门沙式淤积

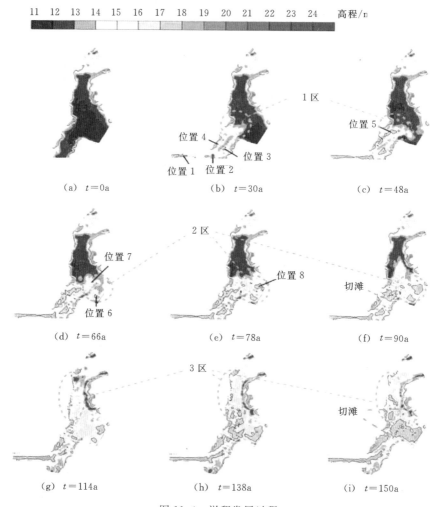

11　12　13　14　15　16　17　18　19　20　21　22　23　24　　高程/m

（a）t=0a　　　　　　（b）t=30a　　　　　　（c）t=48a

（d）t=66a　　　　　　（e）t=78a　　　　　　（f）t=90a

（g）t=114a　　　　　　（h）t=138a　　　　　　（i）t=150a

图 11.4　淤积发展过程

常见于水库库尾或者河口位置，成为碍航浅滩甚至可能造成溯源淤积；点坝常常见于弯道凸岸，顺坝则是位于河道中心，且两侧与两汊水流方向平行。30～48 年间，位置 1～4 处的淤积体明显增大，上段侧提宽度亦发展扩大、接近河道宽度的 1/2（16.5m 等高线覆盖的范围，后文同），且基本与位置 2 处的淤积体相连，拦门沙左侧被冲开；在中段与下段交汇处（位置 5，原主流位置）出现大小约为 1400m×400m 的心滩，心滩与点坝连在一起形成弯道边界，驱使主流向右侧摆动。48～66 年时，向右侧摆动的挟沙水流在主流位置继续形成新的心滩（位置 6），受此心滩影响主流出现分汊，并在位置 7 处形成新心滩。66～78 年间，受位置 6 和位置 7 心滩的影响，主流改向并在位置 8 形成新的心滩。90 年后，位置 5、位置 7 和位置 8 这三处淤积体不断淤长并连成整体，而河道左侧出现切滩和主流改道现象。114～150 年间，淤积逐渐发展至下游（3 区），青岚湖右侧滩地（2 区）明显淤高。显然，下段出现两种不同尺度的游荡式淤积，随主流摆动而依次形成的位置 6、7 和 8 处的心滩淤积为相对小尺度的游荡；主要淤积区域的变动，如 1 区（0～48 年）、2 区（66～90 年）和 3 区（114～150 年）为相对大尺度的游荡。这种淤积部位的游荡现象常见于冲积扇发展过程或者多沙河流河口淤积调整过程。

图 11.5 为新河道上段、中段和下段现场试验照片。图 11.5（a）所示为上段，图中右侧泥沙淤积形成侧堤，左侧为主流（带箭头蓝色直线指示水流方向，下同）；图 11.5（b）所示为中段，淤积形成的顺坝造成河道分汊，主汊位于顺坝与点坝之间；图 11.5（c）所示为下段，位置 5、位置 7 和位置 8 处的淤积体相连，阻碍水流运动，左侧出现切滩现象并形成新主槽，而右侧存在几股漫滩沟槽。

（a）上段

（b）中段

（c）下段

图 11.5　新河道上、中和下段模型试验照片

在 30～48 年时，新河道右侧带状淤积体基本形成和稳定；48～66 年时青岚湖上段形成了左右分流的格局，在 138 年和 150 年时，低水位分流被阻碍；在 90～138 年时淤积在青岚湖中段和下段发展，在 138 年时泥沙开始向青岚湖外输运，138～150 年时，泥沙淤积基本平衡，只是青岚湖内河槽在不断摆动调整。

11.3.3 冲淤变化分析

11.3.3.1 新河道段

新河道 15m、17m 等高线变化过程见图 11.6，其中 15m 等高线反映了该河段枯水河槽高程，17m 等高线反映了该河段滩地高程。动床试验测量断面分布见图 11.7，其中新河道段有 19 个断面，青岚湖段有 41 个断面。以 GD5、GD10 和 GD15 为新河道上、中和下段典型代表断面进行河道断面冲淤演变分析，其中新河道典型代表断面 GD5 冲淤变化见图 11.8。

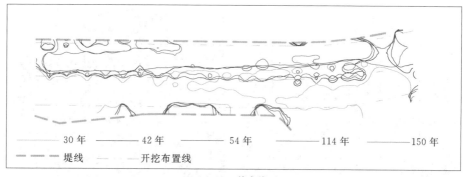

(a) 15m 等高线

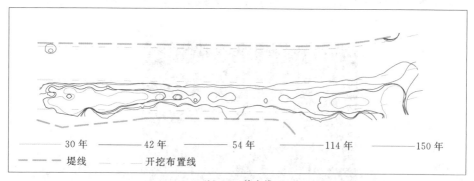

(b) 17m 等高线

图 11.6 新开挖河道等高线变化过程

30 年时在新河道进口处左侧和入青岚湖出口左侧出现高于 17m 的滩地，进口处滩地上宽下窄，长约 1150m，平均宽约 150m，滩地面积 $15.9 \times 10^4 \text{m}^2$；

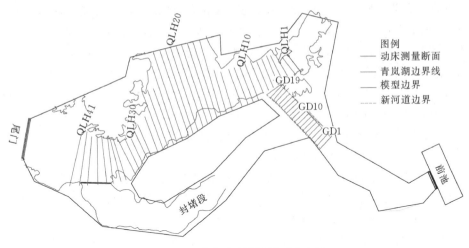

图 11.7　动床试验测量断面分布图

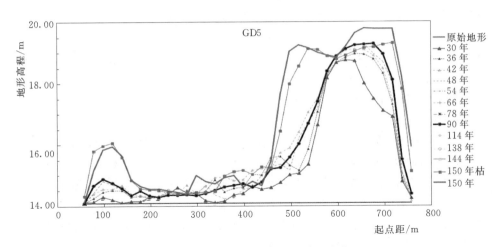

图 11.8　新开挖河道段 GD5 断面冲淤变化过程

出口处存在 90m×420m 和 250m×350m 大小的滩地，滩地覆盖面积约为 11.5 万 m²。新河道上段枯水河槽宽度（15m 等高线左侧河宽）约为 340m，右侧淤积体宽度为 360m；中段淤积体有向河道左侧河槽发展的趋势，但是 15m 等高线并未全部相连，相对零散，在河槽中间位置有零散淤积体；在新河道入青岚湖出口处左侧亦存在淤积，受左右侧淤积体压缩，枯水河槽缩窄至约 200m；15m 以上滩地覆盖面积为 148 万 m²。GD5 断面（新河道上段）左侧河槽平均淤积高度约 20cm，在离左岸 450m 处淤积厚度明显增加，在离左岸距离 560m 时淤积达到最大厚度 4.5m，高程为 18.70m；在枯水河槽、平滩河槽和 20 年一遇洪水位下（假定高程为 20.34m），GD5 断面过水面积分别为 325m²、1370m² 和 3553m²。GD10 断面（新河

207

道中段）在分别距左岸 370m 和 600m 处淤积厚度达到 2.5m，最大高程为 16.50m，未出现高于 17m 的滩地，相比于新河道上段，淤积高度明显较小，中间淤积体分隔了枯水河槽；在枯水河槽、平滩河槽和 20 年一遇洪水位下，GD10 断面过水断面面积分别为 346m²、1514m² 和 3852m²。GD15 断面（新河道下段）在距左岸 310m 和 680m 处出现较大淤积厚度（分别为 2m 和 2.5m），亦未出现高于 17m 的滩地，中间淤积体分隔了枯水河槽；在枯水河槽、平滩河槽和 20 年一遇洪水位下，GD15 断面过水断面面积分别为 356m²、1647m² 和 3986m²。30 年时，淤积量为 423×10⁴ m³。

42 年时在新河道进口处左侧滩地面积略有增加，滩地尺寸为 200m×1350m，覆盖面积约为 27.7 万 m²；入青岚湖出口两处滩地淤长连成 240m×970m 大小的滩地，滩地面积增加至 24.1×10⁴ m²；新河道上段左侧枯水河槽和右侧淤积体交界线位置基本不变，但在新河道进口段左岸出现了淤积体，压缩了枯水河槽宽度；中下段右侧零散淤积体连成一片，并向左侧枯水河槽发展，压缩枯水河槽，使得枯水河槽宽度为 230～260m；新河道入青岚湖出口处左右侧淤积体基本相连，15m 以上滩地覆盖面积为 228×10⁴ m²。在枯水河槽、平滩河槽和 20 年一遇洪水位下（假定高程为 20.34m），新河道上段过水断面面积分别为 186m²、1120m² 和 3187m²，新河道中段分别为 278m²、1246m² 和 3581m²，新河道下段分别为 237m²、1240m² 和 3578m²。42 年时，淤积量为 599 万 m³。

54 年时新河道进口处左侧和入青岚湖出口左侧滩地继续分别向下游延伸 400m 和向上游延伸 460m，两滩地中间连线处出现新的滩地，滩地覆盖面积增至 74 万 m²。新河道上段左侧枯水河槽和右侧淤积体交界线位置与 30 年、42 年时基本一致，新河道进口段左岸淤积体（15m 等高线）相比于 54 年时略有淤长；中下段河道右侧淤积体略有蚀退，枯水河槽宽度略有增加，约为 350m；15m 以上滩地覆盖面积为 208×10⁴ m²。在枯水河槽、平滩河槽和 20 年一遇洪水位下（假定高程为 20.34m），新河道上段过水断面面积分别为 217m²、1178m² 和 3207m²，新河道中段分别为 276m²、1245m² 和 3561m²，新河道下段分别为 200m²、1159m² 和 3417m²。54 年时，淤积量为 641 万 m³。

114 年时新河道进口处左侧和入青岚湖出口左侧滩地在略有拓宽的同时，上下淤长延伸连成整体，形成长约 4200m，平均宽约 320m，面积约为 137 万 m²。新河道上段左侧枯水河槽和右侧淤积体交界线位置与 30 年、42 年时基本一致，新河道进口段左岸淤积体进一步淤长；中下段河道枯水河槽右侧分界线与 54 年时基本一致，在枯水河槽处略有淤积；15m 以上滩地覆盖面积为 278 万 m²。在枯水河槽、平滩河槽和 20 年一遇洪水位下（假定高程为 20.34m），新河道上段过水断面面积分别为 119m²、894m² 和 2755m²，新河道中段分别为 200m²、1042m² 和 3076m²，新河道下段分别为 134m²、798m² 和 2652m²。114 年时，淤积量为 906 万 m³。

150 年时滩地形状与 114 年时基本一致，仅下游右侧滩地略有向右蚀退，蚀退约 77m，滩地面积约 130 万 m²。新河道上段淤积体和枯水河槽与 114 年时基本一致；中下游右侧淤积体向枯水河槽淤长，枯水河槽右侧分界线与 42 年时基本一致；15m 以上滩地覆盖面积为 243 万 m²。在枯水河槽、平滩河槽和 20 年一遇洪水位下，新河道上段过水断面面积分别为 117m²、892m² 和 2635m²，新河道中段分别为 220m²、1128m² 和 3161m²，新河道下段分别为 0、828m² 和 3166m²。150 年时淤积量相比于 114 年时略有减少，约为 875 万 m³。

图 11.9 为新河道和青岚湖淤积量随时间变化过程，从图上可以看出，42 年内年新河道淤积强度较大，约为 14 万～15 万 m³/a，42 年时淤积量约 600 万 m³；42～114 年时淤积强度明显减小，约为 3 万～4 万 m³/a，114 淤积量约为 900 万 m³；150 年淤积量相比于 114 年略有减少，约为 870 万 m³。

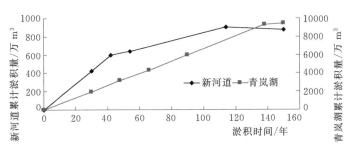

图 11.9　新河道与青岚湖累计淤积过程

图 11.10 为新河道 15m 以上范围覆盖面积和 17m 以上覆盖面积随时间变化过程，从图上可以看出，30 年时 15m 以上覆盖面积约为 139 万 m²；42 年时为 219 万 m²；42～150 年时覆盖面积在 220 万～270 万 m² 之间波动。30 年时 17m 以上覆盖面积约为 28 万 m²；30～114 年时覆盖面积以约 1.3 万 m²/a 的速度增长；114 年时达到 136 万 m²；150 年时覆盖面积略有减小，约 129 万 m²。42～114 年时新河道淤积量逐渐增加；150 年时淤积量略有减小（图 11.9），由于枯水河槽基本无淤积，而 15m 等高线范围（15m 以上）在 42 年后变化较小，因而淤积主要发生在 15m 以上位置，17m 以上的滩地面积逐渐增加。

总体上，30～42 年时新河道段淤积分布在河道右侧，河槽位于河道左侧的格局基本形成；42～114 年时新河道淤积量逐渐增加，淤积基本发生在 15m

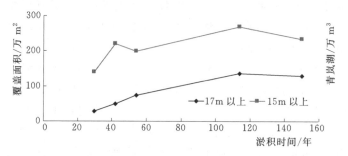

图 11.10　15.00m 和 17.00m 以上高程覆盖面积变化过程

以上位置，150 年时淤积量略有减小。

11.3.3.2　青岚湖区

　　青岚湖 15m、17m 等高线变化过程见图 11.11，青岚湖典型代表断面断面冲淤分布见图 11.12～图 11.14，其中青岚湖上段指的是 QLH1～QLH15 断面覆盖位置、中段指的是 QLH16～QLH25 断面所在位置、下段指的是 QLH26～QLH33 断面所在位置，以 QLH10、QLH20 和 QLH30 为青岚湖上、中和下段典型代表断面进行河道断面冲淤演变分析。

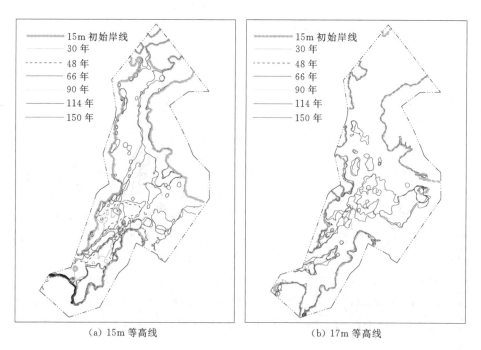

（a）15m 等高线　　　　　　　（b）17m 等高线

图 11.11　青岚湖区 15m、17m 等高线变化过程

　　30 年时在青岚湖上段与新河道段交汇区（A 交汇区）出现 250m×450m 大

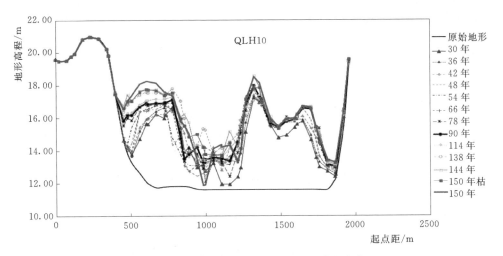

图 11.12 青岚湖上段 QLH10 断面冲淤变化

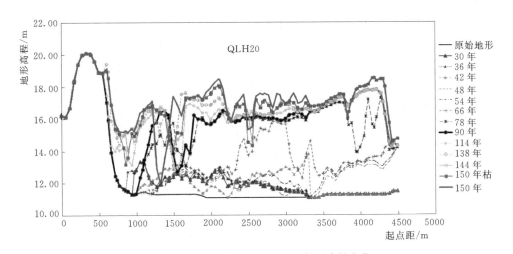

图 11.13 青岚湖中段 QLH20 断面冲淤变化

小的滩地，在青岚湖上段出现 80m×80m 的小滩；17m 以上滩地面积为 20 万 m^2。高程 15.00m 以上的淤积体主要分布在 A 交汇区、青岚湖上段居中偏右位置、青岚湖上段左岸位置和青岚湖上段与中段交汇区（B 交汇区）；A 交汇区淤积体（下面简称为 A 淤积体）尺寸为 600m×820m，上段居中偏右位置淤积体（下面简称为 C 淤积体）偏长条状，长约 1350m，均宽约 260m，上段左岸淤积体（下面简称为 D 淤积体）贴近左岸，长 1500m，宽约 380m，B 交汇区淤积体（简称为 B 淤积体）尺寸为 250m×500m；15m 以上淤积体覆盖面积为 156 万 m^2。在青岚湖上段分两个河槽，主槽位于 C 淤积体和 D 淤积体

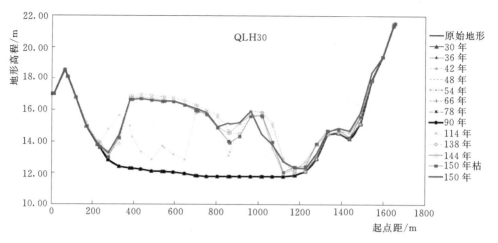

图 11.14　青岚湖下段 QLH30 断面冲淤变化

中间，枯水河槽宽度约为 410m，另外一个河槽在 C 淤积体与右岸之间，枯水河槽宽度为 300m。QLH10 断面平均淤积厚度约 2.5m，主槽位于离左岸 860～1200m，在左岸和右岸存在高程低于 15.00m 的河槽，离左岸 780m 处和 1330m 处淤淤积厚度较大，分别为 4.9m 和 5.4m，高程分别为 16.50m 和 17.00m；在枯水河槽、平滩河槽和 20 年一遇洪水位下，QLH10 断面过水断面面积分别为 1386m²、3791m² 和 9126m²。QLH20 断面离左岸起点距为 1000～3500m 处发生了淤积，平均淤厚约 1m，断面最大高程约为 13.30m，离左岸 3500m 至右岸无淤积；在枯水河槽、平滩河槽和 20 年一遇洪水位下，QLH20 断面过水断面面积分别为 12130m²、19940m² 和 33892m²。QLH30 断面无淤积；在枯水河槽、平滩河槽和 20 年一遇洪水位下，QLH30 断面分别为 3257m²、6000m² 和 11160m²。30 年时，淤积量为 1917 万 m³。

48 年时 A 交汇区滩地略有增大，尺寸为 370m×600m，青岚湖上段滩地尺寸增至 180m×780m 的小滩，在青岚湖上段左侧与 B 交汇区出现较小尺寸滩地，青岚湖中段右下侧滩地面积从 10 万 m² 增加至 32.8 万 m²；17m 以上滩地面积为 70.4 万 m²。高程 15.00m 以上的淤积体 A 与 C 淤积体增大并相连，隔断了 30 年时存在的右岸河槽，C 淤积体平均宽度增长为 680m，与右岸相连；上段左岸 D 淤积体与 B 淤积体淤长并相连，形成了 680m×2200m 的弯长条形淤积体，具有挑流作用，将主流挑向右侧；青岚湖中段其他部位和下段没有出现高程 15.00m 以上淤积体；15.00m 以上滩地面积为 433 万 m²。青岚湖上段枯水主槽宽度基本不变，右侧枯水河槽被 C 淤积体隔断，B 交汇区挑流淤积体与右岸之间的枯水河槽宽度约为 540m。QLH10 断面形态基本不变，离左岸 860～1200m 为主槽，原淤积厚度较大位置（离左岸 780m 处和 1330m

处）淤积厚度略有增加，高程分别为 16.80m 和 17.90m，主河槽略有淤积；在枯水河槽、平滩河槽和 20 年一遇洪水位下，QLH10 断面过水断面面积分别为 1127m²、3179m² 和 8491m²。QLH20 断面离左岸起点距 1000～3500m 处淤积厚度基本不变，离左岸 3500m 至右岸出现了明显淤积，平均淤厚约 1.5m；在枯水河槽、平滩河槽和 20 年一遇洪水位下，QLH20 断面过水断面面积分别为 10925m²、18739m² 和 32690m²。QLH30 断面无淤积，过水断面面积不变。48 年时，淤积量增加为 3182 万 m³。

66 年时 A 交汇区滩地和青岚湖上段滩地略有增长，上段左岸和 B 交汇区尺寸较小的滩地逐渐增大合并，在两个位置分别出现尺寸为 100m×450m 和 190m×710m 的滩地；青岚湖中段右下侧滩地面积基本不变，17m 以上滩地面积为 97.4 万 m²。高程 15.00m 以上的淤积体面积继续增大，在 A 交汇区左岸与右侧淤积体相连，枯水河槽局部被隔断，在 B 交汇区挑流淤积体进一步淤宽，枯水河槽被压缩；在青岚湖中段中间和右侧出现 39 万 m²（长约 1000m，均宽约 390m）和 61.7 万 m²（长约 1100m，宽约 590m）的滩地；15m 以上滩地面积为 662 万 m²。受 A 交汇区左岸与右侧淤积体相连、在 B 交汇区挑流淤积体进一步淤宽，枯水河槽在 A 交汇区局部被隔断，青岚湖上段枯水河槽宽度略有减小，约为 370m；在 B 交汇区枯水河槽被压缩，最小宽度仅为 150m；青岚湖中段存在的两处淤积体形成了 3 支枯水河槽，河槽宽度从左至右分别为 140m，240m 和 560m。QLH10 断面形态基本不变，主槽和两侧淤积体都略有淤厚，原淤积厚度较大位置（离左岸 780m 处和 1330m 处）高程不变，分别为 16.80m 和 17.90m；在枯水河槽、平滩河槽和 20 年一遇洪水位下，QLH10 断面过水断面面积分别为 893m²、2795m² 和 8096m²。QLH20 断面离左岸起点距 2500～3000m 处出现明显淤积，淤积厚度达 4m，最大高程达 15.80m，右侧略有淤积，淤积厚度约为 40cm；在枯水河槽、平滩河槽和 20 年一遇洪水位下，QLH20 断面过水断面面积分别为 7254m²、14849m² 和 28800m²。QLH30 断面无淤积，过水面积不变。66 年时，淤积量增加为 4311×10⁴m³。

90 年时 A 交汇区滩地、青岚湖上段滩地和 B 交汇区滩地范围基本不变，在 B 交汇区淤积体右侧出现面积为 2.6 万 m² 的新滩地，青岚湖中段右上侧出现面积为 8.2 万 m²（尺寸约为 200m×410m）的新滩地，右下侧滩地增大明显，由原来的 32.8 万 m² 增加至 99.4 万 m²；17m 以上滩地面积为 184.8 万 m²。青岚湖上段淤积体和枯水河槽格局和尺寸基本不变，青岚湖中段右侧和中间淤积体与 B 交汇区挑流淤积体连成整体，形成从上段左岸到中段下游长约 4500m，均宽约 1500m，面积为 660.8 万 m² 的淤积体；15m 以上淤积体发展至青岚湖中段与下段交汇处，15m 以上淤积体覆盖面积增加至 1002.4 万 m²。青岚湖上段枯水河槽位置和宽度基本不变，青岚湖中段枯水河槽被阻隔。

QLH10 断面形态基本不变，左侧河槽和中间主槽略有淤积，原淤积厚度较大位置（离左岸 780m 处和 1330m 处）高程略有增加，分别为 17.10m 和 18.00m；在枯水河槽、平滩河槽和 20 年一遇洪水位下，QLH10 断面过水断面面积分别为 726.7m²、2450.9m² 和 7739.2m²。QLH20 断面发生了明显淤积，离左岸起点距 1500～4500m 普遍淤高至 16m 以上，离左岸起点距 900m 和 1500m 处存在两个河槽；在枯水河槽、平滩河槽和 20 年一遇洪水位下，QLH20 断面过水断面面积分别为 1901m²、5796m² 和 19454m²。QLH30 断面仍无淤积，过水面积不变。90 年时，淤积量增加为 6002 万 m³。

138 年时 A 交汇区滩地和青岚湖上段滩地连成长条状滩地，与河槽基本平行，长约 1700m，均宽约 500m，面积为 85 万 m²；青岚湖上段左岸形成长约 1600m，均宽约 400m 的边滩，并向 B 交汇区延伸；青岚湖中段形成三个独立滩地，面积分别为 91.4 万 m²、40 万 m² 和 135 万 m²；B 交汇区和中段与下段交汇区处形成多块尺寸约为 10 万 m² 的滩地；青岚湖下段亦出现 7×10^4 m² 的滩地；17m 以上滩地面积增加至 526.3 万 m²。15m 以上淤积体淤积发展到青岚湖下段，淤积在下段左侧，宽度约为 800～1000m。河道左侧枯水河槽宽度约为 500m；15m 以上淤积体覆盖面积为 1819.4 万 m²。QLH10 断面形态基本不变，中间主槽和右侧枯水河槽依然在，左侧枯水河槽被淤积阻塞；离左岸 780m 处原淤积厚度较大位置高程淤高至 17.80m，离左岸 1330m 处最大高程不变；在枯水河槽、平滩河槽和 20 年一遇洪水位下，QLH10 断面过水断面面积分别为 379m²、1842.8m² 和 6985.5m²。QLH20 断面相比于 90 年时发生了明显淤积，过水面积明显减小，在枯水河槽、平滩河槽和 20 年一遇洪水位下，QLH20 断面过水断面面积分别为 238m²、2739m² 和 16136m²。QLH30 断面出现了明显淤积，该断面左右岸有河槽，主槽在右岸，在枯水河槽、平滩河槽和 20 年一遇洪水位下，断面过水断面面积分别为 821.7m²、2694.5m² 和 7852.8m²。138 年时，淤积量增加为 9291 万 m³。

150 年时青岚湖上段滩地与 B 交汇区滩地相连并略有向左蚀退，青岚湖中段三处大滩地连成整体，中段与下段交汇区处中间滩地被侵蚀，下段滩地淤积增长；17m 以上滩地面积为 687.9 万 m²。相比于 138 年，15m 等高线变化不大，仅在青岚湖中段和下段交汇区发生了水流切滩现象，形成了从中段左岸至下段右岸的枯水河槽；15m 以上滩地面积基本不变，约为 1831.7 万 m²。QLH10 断面形态基本不变，主河槽相比于 138 年时略有冲深；左侧枯水河槽被淤积阻塞后，继续淤高，成为滩地，最大高程达 18.30m；离左岸 1330m 处最大高程增加至 18.50m；在枯水河槽、平滩河槽和 20 年一遇洪水位下，QLH10 断面过水断面面积分别为 665.2m²、2173.6m² 和 7136.6m²。QLH20 断面与 138 年时相比，发生了一定淤积，但是在离左岸 1300m 附近出现了河槽；在枯水河槽、平滩河槽和 20 年一遇洪水位下，QLH20 断面过水断面面积分别为 393m² 、2175.6m² 和 14743.9m² 。QLH30 断面形态与 138 年时基本不变，在枯水河槽、平滩河槽和 20 年一遇洪水位下，断面过水断面面积分别为 806.4m² 、2835.7m² 和 7967.3m² 。150 年时，总淤积量为 9719 万 m³ 。

总体上，青岚湖内淤积自上而下发展，30 年时淤积发展至青岚湖上段，90 年时淤积发展至青岚湖中段与下段交汇处，138 年时淤积发展到了青岚湖下段；淤积发展到 150 年时，青岚湖淤积基本达到平衡状态，泥沙在青岚湖内落淤明显减少，而是继续向下游输送。青岚湖上段位置主槽基本形成在 48 年时基本形成，48～150 年间枯水河槽基本稳定；青岚湖中段因为淤积的发展，河槽演变过程中出现了分支、封堵和切滩等现象；青岚湖下段主河槽分布在河道右侧。

11.4　结论

（1）抚河改道前湖区断面总体冲淤变化不大。1998—2011 年间，断面中部淤积出一滩地，最大淤厚约 2m，而其他部位冲淤变化较小；多年湖区断面整体表现为断面平均水深和宽深比变化不大。

（2）抚河改道后，改变入湖水沙形势，青岚湖成为由原来的倒灌型湖泊成为过水性湖泊，悬移质泥沙将在湖内淤积新的形态，淤积平衡后，青岚湖湖区基本改变原来的湖相，形成河道，湖内两侧为淤积高程不一的滩地，在青岚湖中部下游分成两支，下至鄱阳湖。

（3）改道后，对于抚河新开挖河道，在 30～42 年时淤积分布在河道右侧，河槽位于河道左侧的格局基本形成，42～114 年时新河道淤积量逐渐增加，淤积基本发生在 15m 以上位置，150 年时淤积量略有减小。对于青岚湖区，其淤积自上而下发展，在第 30 年时淤积发展至青岚湖上段，第 90 年时淤积发展至青岚湖中段与下段交汇处，第 138 年时淤积发展到了青岚湖下段；淤积发展到第 150 年时，青岚湖淤积基本达到平衡状态，泥沙在青岚湖内落淤明显减少，而是继续向下游输送。青岚湖上段位置主槽在 48 年时基本形成，48～150 年时枯水河槽基本稳定；青岚湖中段因为淤积的发展，河槽演变过程中出现了分支、封堵和切滩等现象；青岚湖下段主河槽分布在河道右侧。

参 考 文 献

[1] 江西省水文局，等. 鄱阳湖水利枢纽工程对湖区防洪、泥沙、水质、枯水期水量补充的影响及对策研究 [R]，2009.

[2] 江西省水利科学研究院，等. 三峡工程运用后对鄱阳湖及江西"五河"的影响研究总报告 [R]，2009.

[3] 中国水利水电科学研究院. 鄱阳湖泥沙输移特性及水利枢纽的影响研究 [R]，2010.

[4] 江西省水利科学研究院. 鄱阳湖模型选沙试验研究 [R]，2013.

[5] 郭华，张奇. 近50年来长江与鄱阳湖水文相互作用的变化 [J]. 地理学报，2011，66（5）：609-618.

[6] 刘志刚，倪兆奎. 鄱阳湖发展演变及江湖关系变化影响 [J]. 环境科学学报，2015，35（5）：1265-1273.

[7] 吴桂平，刘元波，范兴旺. 近30年来鄱阳湖湖盆地形演变特征与原因探析 [J]. 湖泊科学，2015，27（6）：1168-1176.

[8] 方春明，曹文洪，毛继新，等. 鄱阳湖与长江关系及三峡蓄水的影响 [J]. 水利学报，2012，43（2）：175-181.

[9] 金斌松，聂明，李琴，等. 鄱阳湖流域基本特征、面临挑战和关键科学问题 [J]. 长江流域资源与环境，2012，21（3）：268-275.

[10] 徐德龙，熊明，张晶. 鄱阳湖水文特性分析 [J]. 人民长江，2001（2）：21-22，27-48.

[11] 霍雨，王腊春，陈晓玲，等. 1950s 以来鄱阳湖流域降水变化趋势及其持续性特征 [J]. 湖泊科学，2011，23（3）：454-462.

[12] 姜彤，苏布达，王艳君，等. 四十年来长江流域气温、降水与径流变化趋势 [J]. 气候变化研究进展，2005（2）：65-68.

[13] 李微，李昌彦，吴敦银，等. 1956—2011 年鄱阳湖水沙特征及其变化规律分析 [J]. 长江流域资源与环境，2015，24（5）：832-838.

[14] 闵骞，占腊生. 鄱阳湖不同部位水位关系变化分析 [J]. 人民长江，2013，44（Sl）：5-10+48.

[15] 江丰，齐述华，廖富强，等. 2001—2010 年鄱阳湖采砂规模及其水文泥沙效应 [J]. 地理学报，2015，70（5）：837-845.

[16] 郭华，张奇，王艳君. 鄱阳湖流域水文变化特征成因及旱涝规律 [J]. 地理学报，2012，67（5）：699-709.

[17] 许继军，陈进. 三峡水库运行对鄱阳湖影响及对策研究 [J]. 水利学报，2013，44（7）：757-763.

[18] 闵骞，占腊生. 1952—2011 年鄱阳湖枯水变化分析 [J]. 湖泊科学，2012，24（5）：675-678.

[19] 虞邦义，葛国兴. 淮干正淮段大型防洪模型设计与试验验证 [J]. 水利水电技术，

216

2001, 32 (10): 17-19.

[20] 虞邦义, 武锋, 吕列民. 河工模型量测与控制技术研究进展 [J]. 水动力学研究与进展, 2001, 16 (1): 54-91.

[21] 虞邦义, 武锋. 淮河干流正阳关至田家庵段大型河工模型自动检测与控制系统的研制 [J]. 水利学报, 2001 年增刊: 1-6.

[22] 王昕, 蔡守允, 张河. 河工模型试验计算机测控系统 [J]. 水利水电技术, 2003 (5): 57-59.

[23] 刘杰, 乐嘉海, 杨永获. 黄浦江河口潮汐物理模型控制与测量技术 [J]. 水利水运工程学报, 2004 (2): 68-71.

[24] 郭兴隆. 大型河工模型远程监控系统的研究与实现 [D]. 重庆: 重庆邮电大学, 2006.

[25] 冯志新. "模型黄河" 自动控制系统的研究与应用 [D]. 天津: 天津大学, 2005.

[26] 吴新生, 许明, 魏国远. 长江防洪模型量测控制系统的设计及应用 [J]. 人民长江, 2009, 40 (19): 72-74.

[27] 蔡守允, 张晓红. 水利工程模型试验量测技术的发展 [J]. 水资源与水工程学报, 2009, 20 (1): 78-80.

[28] 陈诚, 贾宁一, 蔡守允. 模型试验测量技术的研究应用现状及发展趋势 [J]. 水利水运工程学报, 2011, 23 (4): 154-157.

[29] 蔡守允, 杨大明, 朱其俊, 等. 水利工程模型试验计算机测量与控制系统 [J]. 计算机测量与控制, 2007, 12 (15): 1325-1326.

[30] 蔡辉, 马浑蛟, 孙典红. 水工模型水位的自动控制优化算法 [J]. 河海大学学报 (自然科学版), 2002, 30 (5): 95-97.

[31] 李晓飚, 赵国昌, 张绪进, 等. 大型水工模型控制系统算法优化设计 [J]. 重庆交通学院学报 (自然科学版), 2004, 23 (3): 115-122.

[32] 练伟航, 周胜利, 康亮. WJZK 流量水位自动控制系统在河工模型试验中的应用 [J]. 广东水利水电, 2002 (5): 31-34.

[33] 刘明明, 吕家才, 傅宗甫. 水位流速自动控制及采集系统原理与应用 [J]. 河海大学学报, 2000, 28 (2): 88-91.

[34] 方彦军, 赵兵, 赵旭东. PC 机实时水位流速检测系统 [J]. 泥沙研究, 1995 (4): 19-23.

[35] 贺昌海, 雷川华, 周小平, 等. 模型试验流量与水位自动控制系统研制 [J]. 长江科学院院报, 2007, 24 (3): 72-74.

[36] 万浩平, 杨楠. 鄱阳湖湖区物理模型水位动态跟踪测试系统设计与实现 [J]. 工业控制计算机, 2014, 27 (11): 75-76.

[37] 李俊敏. 河工模型尾门水位控制系统的设计与研究 [J]. 长江科学院院报, 2016, 33 (5): 135-138.

[38] 陈勇, 陈鹏翔. 模糊自适应 PID 在水工模型中的应用 [J]. 微计算机信息, 2007, 23 (10): 101-102.

[39] 谢鉴衡. 河流模拟 [M]. 北京: 水利电力出版社, 1990.

[40] 朱代臣. 长江防洪实体模型阻力特性研究 [D]. 武汉: 长江科学院, 2008.

[41] 长江科学院, 长江防洪模型设计报告 [R], 2004.

[42] 卢汉才，杜宗伟. 梅花形糙率的确定 [C] // 泥沙模型试验经验汇编，1978.

[43] 左东启. 模型试验的理论与方法 [M]. 北京：水利电力出版社，1984：61-78.

[44] 长江科学院. 防洪实体模型定床加糙水槽试验研究报告 [R]，2007.

[45] 虞邦义. 实体模型相似理论和自动测控技术的研究及其应用 [D]. 南京：河海大学，2003.

[46] 长江水利水电科学研究院试验组. 几种模型沙的起动流速试验 [C] // 中国水利学会泥沙专业委员会，泥沙模型报告汇编，泥沙模型试验技术经验交流会，北京，1978：265.

[47] 孙献清. 轻质模型沙特性试验研究的初步总结 [R]. 南京：南京水利科学研究院，1991.

[48] 长江水利委员会长江科学院. 长江防洪模型项目实体模型选沙试验报告 [R]，2005.

[49] 严军. 模型沙板结对起动流速影响的研究 [D]. 武汉：长江科学院，1999.

[50] 黄建维. 黏性泥沙在静水中沉降特性的试验研究 [J]. 泥沙研究，1981（2）：30-41.

[51] 府仁寿，卢永清，陈稚聪. 轻质沙的起动流速 [J]. 泥沙研究，1993（1）：84-91.

[52] 林万泉. 河工模型中悬移质细颗粒泥沙沉降相似初探 [J]. 泥沙研究，1985（3）：11-25.

[53] 高树华，周有忠. 塑料沙的起动流速与沉速的试验研究 [J]. 泥沙研究，1992（2）：69-75.

[54] 秦荣显. 不均匀沙的起动规律 [J]. 泥沙研究，1980（1）：83-91.

[55] 陈稚聪，王光谦，詹秀玲. 细颗粒塑料沙的群体沉速和起动流速试验研究 [C] // 全国水动力学研讨会文集，1993.

[56] 宋根培. 混合沙沉降特性的试验研究 [J]. 泥沙研究，1985（2）：40-50.

[57] 封光寅，章厚玉，张孝军，等. 泥沙群体颗粒平均粒径及平均沉速计算方法的修正 [J]. 南水北调与水利科技，2003，1（6）：36-38.

[58] 熊绍隆，胡玉堂. 潮汐河口悬移质动床实物模型的理论与实践 [J]. 泥沙研究，1999（1）：1-6.

[59] 黄志文，鲁博文，邬年华. 料模型沙起动流速试验研究 [J]. 江西水利科技，2012（3）：16-19.

[60] 王艳华，黎国森，普晓刚. 塑料沙起动流速研究 [J]. 泥沙研究，2018（3）：37-40.

[61] 魏炳乾，龚秀秀，严培，等. 基于水流黏滞性的模型沙选择 [J]. 水利水运工程学报，2016（4）：27-31.

[62] 陈立，徐敏，黄杰，等. 基于起动相似选沙的模型沙波相似性的初步试验研究 [J]. 四川大学学报（工程科学版），2016，48（3）：35-40.

[63] 张羽，邢晨雄. 小浪底水库坝区动床模型选沙与验证试验研究 [J]. 华北水利水电大学学报（自然科学版），2016，37（1）：40-44.

[64] 付旭辉，刘海婷，陈绍，等. 推移质动床模型中模型沙运动比较研究 [J]. 泥沙研究，2015（5）：31-36.

[65] 徐敏，陈立，何俊，等. 选沙相似律对模型沙波相似性影响的试验研究 [J]. 水科学进展，2017，28（5）：712-719.

[66] 徐敏，陈立，李东锋，等. 几何比尺对正态模型沙波相似性的影响 [J]. 工程科学与技术，2017，49（5）：50-55.

[67] 杨永生，许新发，李荣昉. 鄱阳湖流域水量分配与水权制度建设研究 [M]. 北京：中国水利水电出版社，2011：1-4.

[68] 吴龙华. 长江三峡工程对鄱阳湖生态环境的影响研究 [J]. 水利学报，2007（10）：586-591.

[69] 刘影，徐燕. 三峡工程对鄱阳湖候鸟保护区的影响及对策探讨 [J]. 江西师范大学学报（自然科学版），1994，18（4）：375-380.

[70] 朱宏富，胡细英. 三峡工程对鄱阳湖区农、牧、渔业的影响 [J]. 江西师范大学学报（自然科学版），1995，19（3）：252-258.

[71] 董增川，梁忠民，李大勇，等. 三峡工程对鄱阳湖水资源生态效应的影响 [J]. 河海大学学报，2012，40（1）：13-18.

[72] 刘强. 水利工程建设对洞庭湖及鄱阳湖湿地的影响 [J]. 长江科学院院报，2007，24（6）：30-33.

[73] 赵修江，孙志禹，高勇. 三峡水库运行对鄱阳湖水位和生态的影响 [J]. 三峡论坛，2010，（5）：19-22.

[74] 胡振鹏，傅春，陈合爱. 鄱阳湖防洪蓄洪策略浅谈 [J]. 江西水利科技，1999（2）：33-45.

[75] 蔡方昕，刘文标. 基于三峡工程背景下鄱阳湖地区防洪策略分析 [J]. 山西建筑，2010，36（18）：364-365.

[76] 傅春，刘文标. 三峡工程对长江中下游鄱阳湖区防洪态势的影响分析 [J]. 中国防汛抗旱，2007（3）：18-21.

[77] 刘晓东，吴敦银. 三峡工程对鄱阳湖汛期水位影响的初步分析 [J]. 江西水利科技，1999，25（2）：71-75.

[78] 锡军，姜加虎，黄群. 三峡水库调节典型时段对鄱阳湖湿地水情特征的影响 [J]. 湖泊科学，2011，23（2）：191-195.

[79] 周文斌，等. 鄱阳湖流域江湖水位变化对其生态系统影响 [M]. 北京：科学出版社，2011.

[80] 吴龙华. 长江三峡工程对鄱阳湖生态环境的影响研究 [J]. 水力学报，2007（10）：586-591.

[81] 胡细英，朱宏富. 三峡工程与鄱阳湖区重点城市防洪 [J]. 江西师范大学学报，1998，22（4）：365-370.

[82] 姜加虎，黄群. 三峡工程对鄱阳湖水位影响研究 [J]. 自然资源学报，1997，12（3）：219-224.

[83] 胡细英，朱宏富. 三峡工程与鄱阳湖区重点城市防洪 [J]. 江西师范大学学报，1998，22（4）：365-370.

[84] 赖锡军，姜加虎，黄群. 三峡工程蓄水对鄱阳湖水情的影响格局及作用机制分析 [J]. 自然资源学报，2012，31（6）：132-137.

[85] 江西省水利科学研究院，等. 鄱阳湖实体定床模型相似性关键技术研究 [R]，2013.

[86] 周璐瑶，陈菁，陈丹. 河流曲度对河流生物多样性影响研究进展 [J]. 人民黄河，2017，39（1）：79-86.

［87］ 党如童.汉河浅滩型弯曲河道治理技术探析［J］.水土保持应用技术，2016（6）：14-16.

［88］ 郭志学，钟友胜，吕伟.不同裁弯取直方案对河道行洪影响分析［J］.南水北调与水利科技，2014，12（5）：77-85.

［89］ 王静静，齐亚静.二维水动力数学模型在河道裁弯取直中的应用［J］.水利科技与经济，2018，24（3）：14-18.

［90］ 苏杨中.成都市府河段裁弯取直对河道防洪影响分析［J］.吉林水利，2012（3）：27-31.

［91］ 罗亚伟.裁弯取直工程对河道防洪影响分析［J］.水利建设与管理，2011（10）：74-79.

［92］ 王海阳.河道裁弯取直流场计算分析［J］.甘肃水利水电技术，2015，51（2）：37-38.

［93］ 于洪强，李国海.东辽河河道裁弯取直工程影响分析［J］.吉林水利，2014（8）：30-32.

［94］ 张晓波，包红军.山区型河道"裁弯取直"防洪影响分析［J］.水电能源科学，2009，27（8）：42-44.

［95］ 张金委，王斌.仙居县城防裁弯取直工程水力学问题探讨［J］.浙江水利科技，2012，（1）：41-46.

［96］ 樊万辉，务新超，李琦.黄河下游大宫至王庵河段裁弯方案与效果分析［J］.人民黄河，2008，30（7）：19-21.

［97］ 江西省水利科学研究，等.抚河下游尾闾综合整治工程定床模型试验研究报告［R］.2015.

［98］ 江西省水利科学研究院，等.抚河下游尾闾综合整治工程动床模型试验研究报告［R］.2014.

［99］ 宋平，方春明，黎昔春，等.洞庭湖泥沙输移和淤积分布特性研究［J］.长江科学院院报，2014，31（6）：130-134.

［100］ 祁志峰，屈章彬，焦玉峰，等.小浪底水库库区支流东洋河及西阳河泥沙淤积规律分析［J］.水电能源科学，2011，29（10）：85-87.

［101］ 孙决策，麦苗.瓯江口航道淤积特征分析［J］.水道港口，2011，32（2）：107-111.

［102］ 柳发忠，王洪正，杨凯，等.丹江口水库支流库区的淤积特点与问题［J］.人民长江，2006（8）：26-28.

［103］ 吴门伍，严黎，周家俞，等.伶仃洋泥沙淤积模型试验研究［J］.人民珠江，2012，33（2）：7-10.

［104］ 徐霖玉，路明，李冉，等.无坝引水明渠淤积成因物理模拟试验研究［J］.水电能源科学，2015，33（1）：108-110.

［105］ 马逸麟，熊彩云，易文萍.鄱阳湖泥沙淤积特征及发展趋势［J］.资源调查与环境，2003，24（1）：29-37.

［106］ 徐火生.青岚湖的变迁分析［J］.江西水利科技，1995，21（1）：44-50.

［107］ ROWLAND J C，DIETRICH W E，STACEY M T. Morphodynamics of subaqueous levee formation：Insightsinto river mouth morphologies arising from experiments

[J]. Journal of Geophysical Research Atmospheres，2010，115（4）：1489－1500.

[108] KIM W，DAI A，MUTO T，et al. Delta progradation driven by an advancing sediment source：coupled theory and experiment describing the evolution of elongated deltas [J]. Water Resources Research，2009，45（6）：495－512.

[109] 李泽刚，等. 黄河口拦门沙的形成和演变 [J]. 地理学报，1997，52（1）：54－62.

[110] EDMONDS D A，SLINGERL R L. Mechanics of river mouth bar formation：implications for the morphodynamics of delta distributary networks [J]. Journal of Geophysical Research Earth Surface，2007，112（3）：237－254.

[111] 吴保生，夏军强，王兆印. 三门峡水库淤积及潼关高程的滞后响应 [J]. 泥沙研究，2006，31（1）：9－16.

[112] 陈吉余. 长江口拦门沙及水下三角洲的动力沉积和演变 [J]. 长江流域资源与环境，1995，4（4）：348－355.

[113] SMITH N D. Sedimentology and bar formation in the upper Kicking Horse River，a braided outwash stream [J]. The Journal of Geology，1974，82（2）：205－223.

[114] NIJHUIS A G，EDMONDS D A，CALDWELL R L，etal. Fluvio－deltaic avulsions during relative sea－level fall [J]. Geology，2015，43（8）：719－722.

[115] 喻宗仁，窦素珍，赵培才，等. 山东东平湖的变迁与黄河改道的关系 [J]. 古地理学报，2004，6（4）：469－479.